男孩百科

优秀男孩的励志宝典

彭凡 编著

有志气才会有出息

化学工业出版社
·北京·

前言

一颗种子,
如果不曾受过烈阳的恩赐,
经历风雨的洗礼,
如何长成参天大树?

一弯小溪,
如果没有绕过重重山峦,
冲破层层阻碍,
如何汇入广阔的大海?

一个男孩,
如果从未经历挫折,
也不曾独自面对困难,
又如何实现远大的理想,
成为了不起的大人?

男孩,走出爸爸妈妈的避风港,
学着自立吧!

男孩,找回迷失的自我,
点燃梦想吧!

男孩,别停下奔驰的脚步,
勇敢去闯吧!

男孩,从失败的沮丧中站起来,
迎接下一个成功吧!

接下来,
翻开这本神奇的宝典,
79个爱的箴言,
79个励志小故事,
让你收获坚强和自信,
手握勇气和力量,
闯出一片属于你自己的明天和未来!

目录

第一章 自立自强，做真正的男子汉

强健的体魄	12
别当"孤僻怪人"	14
站在人群里的姿势	16
别说自己不行	18
成为"完美"男孩	20
天生我材必有用！	22
把嘲笑变成动力源	24
勇敢 ≠ 叛逆	26
别做坏小子	28
光明正大地竞争	30
不要争强好胜	32
想自立？先自理！	34
一个人也能完成	36
相信自己吧！	38
起点低就会输吗？	40
等什么？马上去做！	42
不要对自己松懈	44
走自己的路，让别人说去吧！	46
听话就是没主见吗？	48
我来做决定	50
可怕的陷阱——骄傲！	52
"小皇帝"一样的我	54
请让悲伤止步	56

第二章　志存高远，迷路时的指南针

让生活变得有趣点！	60
充满希望地生活	62
用实力服众	64
给自己的奖励	66
人生的北极星	68
大理想和小理想	70
空想家与实干家	72
别让梦想生锈了	74
贫穷与富有	76
"远大"的梦想	78
有梦想，永远不晚	80
第一个和最后一个	82

年龄小，胸怀广	84
爱上阅读，开阔视野	86
我的名人榜样	88
读书有什么用？	90
学习是一种修炼	92
日记教我了解自己	94

第三章 永不止步，在风雨中奔跑

没有理由不坚强	98
不知道的事有很多	100
一个人，不害怕！	102
我是"冒险王"	104
我是动手小能手	106
在探索中前进	108
勇敢踏出第一步	110
万事开头难	112
我该如何抉择	114
我的选择我承担	116

水的智慧	118
感谢生活的苦难	120
走出温室	122
坚持的力量	124
有一种能力叫"忍"	126
打好基础很重要	128
风雨无阻地前行	130
不被流言打败	132
准备充足，万无一失！	134
奔跑吧，男孩！	136
成长需要压力	138
别被别人的情绪左右	140

第四章 笑对挫折，成功就在不远处

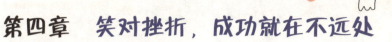

赢得起，也输得起！	144
我为什么会输？	146
输了，不丢脸！	148
我尽力了	150
我真的尽力了吗？	152
挫折是层窗户纸	154
别灰心，再试一次	156
逃避解决不了问题	158

转个弯吧！	160
倒霉，还是幸运？	162
我的责任我来扛	164
给自己提个醒	166
劣势就是优势	168
不到最后，谁知道呢？	170
我可以放弃吗？	172
在绝境中寻找希望	174

人物介绍

张小闹：
调皮闹腾的男生，是班上的捣蛋大王；同时，也是一个运动达人。

马虎虎：
胖嘟嘟的男生，外号"胖虎"，憨厚老实，心地很善良。

格非：
个子瘦小，不爱运动，平时最喜欢宅在家里玩游戏。偶尔，他也会让大家刮目相看！

赵云帆：

农村来的孩子，自立自强，勤奋刻苦，是大家学习的榜样呢!

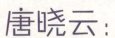

唐晓云：

学习委员，一个成绩优异、活泼大方的女生。

李老师：

班主任，上课时是严格的老师，下课后是同学们的知心大姐姐。

强健的体魄

学校即将迎来一年一度的运动会,班上的同学都在踊跃报名。格非也想报名参加。可是,他擅长什么体育项目呢?跳远?弹跳力不行。长跑?没有耐力。短跑?速度跟不上。

"咦!扔铅球好像挺有趣。"

可是,这个想法立刻遭到了同桌张小闹同学的嘲笑:"你看你,瘦胳膊瘦腿的,到底是你扔铅球,还是铅球扔你呀?哈哈。"

格非看了看张小闹,明明比自己小半岁,却高出自己一头,而且他还是班上的体育全能王,体育项目样样拿手,光是

这次运动会就报名参加了五个项目,而自己竟然没有一个拿手的体育项目。

格非一脸丧气地趴在桌上,心想:看样子,真得好好锻炼身体了。

 拥有强健的体魄对男孩来说有什么好处呢?

- 看起来精气神十足。
- 病菌不会轻易找上门。
- 有用不完的精力和活力。
- 有助于增强意志力。

 想要拥有强健的体魄,男孩应该怎么做呢?

——每天坚持运动,比如晨跑。

——选择一项或几项自己喜爱的体育运动,利用课余时间勤加练习。

——经常参加有益身体健康的户外活动。

——养成健康合理的饮食、休息习惯。

别当"孤僻怪人"

春天到了,到处一片生机盎然的景象,正是出门踏青的好时节。可是,窗外明媚的春光仿佛与格非无关,因为他早就沉浸在游戏的世界里,无法自拔啦!

"丁零零……"电话铃响了。张小闹兴奋的声音从电话那头传来:"格非,出去玩吗?"

"不去,我想在家玩游戏。"格非一口回绝道。

可是,张小闹依然不放弃,继续说道:"天气这么好,窝在家里多无聊啊!快出来吧,我们去爬山。"

"哎呀,爬山多累啊!我不想去,你自己去吧。"说完,格非"砰"的一声挂断了电话,拿起游戏手柄继续回到属于他一个人的游戏世界里……

你可知道，像格非一样整天窝在家里玩游戏，哪里也不去，会产生哪些影响吗？

· 现实中很难交到朋友。

· 性格会慢慢变得孤僻，与人交往时会感到有心无力。

· 身体得不到锻炼，危害健康。

· 与外界的交流变少，语言交际能力会越来越差。

· 长期困在小小的游戏世界里，视野和见识也会变得很狭隘。

天哪，你想成为这样的"孤僻怪人"吗？如果不想的话，赶紧打开门，迎接阳光，和朋友们一起出去走走吧！

男孩的户外运动

- 报名参加各类活动，能让你接触到很多有趣的新朋友。
- 加入男孩子们的聚会，比如打球、溜冰、爬山等。
- 实在不想动，就去楼下跑两圈，骑一会儿自行车。
- 多参加实践活动，提高自己的动手能力，开阔视野。

站在人群里的姿势

吃完早餐，格非背着书包出门了。人行道上人来人往，大人们夹着公文包行色匆匆，孩子们背着书包有说有笑地向学校走去……

镜头再回到格非身上，他背着大书包，穿着校服，戴着红领巾……咦？怎么看着有点儿奇怪呢？

瞧他耷拉着脑袋，佝偻脊背，肩膀一边高一边低，书包松松地挂在肩上，校服的一截衣摆被扎进裤子里，一副无精打采的样子。唉，这哪里像一个朝气蓬勃的少先队员，分明就是一个小老头儿。

我们能从一个人的站姿中看出他的性格和特点。从格非的站姿中,我们可以看出他没精气神,从而可以联想到,他平时可能也精神不振,学习、做事都没有活力。

如果一个人抬头挺胸,挺直腰杆,神采奕奕,那么,我们看到他的第一眼,一定会眼前一亮,甚至会受到感染,感觉自己也瞬间充满了活力和自信。

只有首先摆正自己的姿势,我们才能成为一个自信、充满正能量的人,不是吗?

对这些姿势说"NO"!

- 像软体动物一样趴在桌子上。
- 总是跷着二郎腿。
- 整个身体瘫在椅子上。
- 站立时肩膀一高一低,或者驼着背。
- 上课时用手撑着脑袋。

别说自己不行

周末，马虎虎和张小闹约好一起去公园练习骑自行车。

骑自行车的第一步应该怎么做？怎样骑才能保证自行车不会倒？怎么做才能控制住摇摇晃晃的车头？对于两个从来都没骑过自行车的人来说，这无疑是一项艰巨的挑战。

刚练没多久，马虎虎就打起了退堂鼓：

"我不行了，我都摔了二十多次，还是无法掌握好方向……"

"天哪，骑自行车太难了，我简直想放弃了。"

"你看，我又失败了。我想我一定学不会……"

张小闹却一直不放弃，还不忘在一旁鼓励马虎虎：

"我爸说，多摔几次就能学会了。"

"你瞧，我们不是已经能坐上去了吗？"

"我想，再多练几次，我们就能学习转弯了……"

一下午的时间很快就过去了，两人练习的结果怎么样呢？

马虎虎不会踩踏板，双手也不会控制方向，自行车歪歪扭扭地往前走了一段，就又倒在了旁边的草丛里。

张小闹进步很快，在平直的道路上，他骑得又快又稳。而且，他还学会了转弯，虽然有点儿不熟练，但是他相信自己很快就能练好。

心态的好坏对一件事的成败起着至关重要的作用。老是认为自己不行，做不到，长时间给自己这样的心理暗示，就会让自己越来越泄气，失败就会毫无意外地来临；而换一种心态，选择相信自己，时不时给自己打气，就能浑身充满力量，一步一步向成功靠拢。

成为"完美"男孩

"我要做一个完美男孩。"马虎虎突然对张小闹说。

"什么是完美男孩?"张小闹有点儿弄不明白。

"完美男孩就是没有缺点,各方面都很优秀的男孩。"

"没有缺点的人?世界上好像并不存在这样的人吧?"

张小闹摸摸脑袋,略有迟疑。

"当然有啊!"马虎虎大声说道,"隔壁班的体育委员江迟,长得帅,性格也好,人人都夸他呢!"

"可是,他的学习好像不太好呢。"张小闹反驳。

马虎虎继续举例子:"杨立同学,学习一级棒,还拿过省级优秀学生奖呢!"

"这……他有点儿不合群,没什么朋友。"

"还有初一的学长刘子师。他可厉害了,学习好,体育好,而且朋友也多!"

"你忘了?他脾气暴躁,上次还因为打架被学校通报批评了。"

"啊?"马虎虎瞪大眼睛,原来自己心目中的完美男孩,都不完美。

你也和马虎虎一样,想做一个完美男孩吗?其实,世界上根本没有完美的人。每个人都有自己的缺点,我们要做的,就是调整自己的心态,改正自己的缺点,努力完善自己,让自己成为一个接近完美的人。

"不完美"格言欣赏

- 小事成就大事,细节成就完美!
  ——[美]戴维·帕卡德
- 我能坚持我的不完美,因为它是生命的本质。——[法]法朗士
- 不完美才是人生。——季羡林
- 金无足赤,人无完人。——宋·戴复古

天生我材必有用!

班里有一个叫作严鹏的男生,他天生唇腭裂,也就是人们常说的"兔唇",即使做了手术,他的嘴唇上依然有一道明显的疤痕。

"歪歪嘴!你能不能好好说话!哈哈。"当有人嘲笑他的缺陷时,严鹏总是低垂着头,一言不发。

一旁的张小闹将这些看在眼里,替严鹏愤愤不平。于

是他走上前,对嘲笑严鹏的男生说:"严鹏的画拿过奖,你呢?"

男生吐了吐舌头,一溜烟儿地跑了。

接着,他又对严鹏说:"你不要在意他说的话!你会画画,会弹钢琴,还会打棒球……我可羡慕你了。"

严鹏被张小闹夸得都有些不好意思了,他十分感激地说:"谢谢你,你让我看到了自己的闪光点!"

每个人来到这个世上,都有他存在的价值和意义,都有他独特的闪光点。所以,无论遭遇什么样的困境,无论带着什么样的缺陷,都要坚定地告诉自己:"天生我材必有用!"

名人故事读一读

斯蒂芬·威廉·霍金:他患有肌萎缩性侧索硬化症,全身瘫痪,不能说话。他全身能动的地方,除了大脑,就只有两只眼睛和三根手指,但这并不妨碍他成为继爱因斯坦之后最杰出的理论物理学家之一。他对广义相对论和宇宙论的研究在世界上遥遥领先,也是在世的最伟大的科学家之一,被人们称为"宇宙之王"。

把嘲笑变成动力源

"大家好,俺叫赵云帆,俺来自……"赵云帆话没说完,台下便传来一阵哄笑声。

这是赵云帆第一天来学校上学时的场景。他来自农村,因为一口不标准的普通话,没少被同学们笑话。大家还给他取了一个外号,叫"赵俺俺"。一听到别人这么叫他,他的头就埋得低低的,谁也看不清他的表情。

一年后,令人吃惊的事情发生了。赵云帆居然报名参加了学校的辩论赛,而且凭着一口比主持人还标准的普通话,得到了"最佳辩手"的称号!

原来,赵云帆平时空闲的时候,一直在悄悄地观看演讲视频,学习主持人说话

时的语音、语调，努力练习普通话。就连上下学的路上，他也边走边练习……

现在，他的口音不见了，谁还记得他曾有个外号叫"赵俺俺"呢？

每个人都有自己的缺点和不足，也因此免不了被人嘲笑、挖苦。如果我们能像赵云帆一样，把心中的不满和愤怒当成动力源，不断地激励自己改变、前进，缺点就有可能变成优点，失败就能转化为成功。

面对嘲笑，应该怎么办？

- 经常告诉自己：要做得更好！因为只有你变得更好，才能击溃别人的嘲笑。
- 坚持做自己。也许，你被别人嘲笑的地方，恰恰是你最宝贵的财富！
- 深吸一口气！学会无视别人的嘲笑，或者用幽默化解嘲笑。
- 充满自信地面对生活，把嘲笑当成生活中微不足道的困难之一。
- 当你感到特别困扰时，也可以向朋友和家人倾诉自己的感受，请他们帮忙分析。

勇敢 ≠ 叛逆

最后一节课是自习课，李老师临时有事，便让同学们自习。

时间才过了十分钟，张小闹就坐不住了，心想：反正老师也不在，干脆溜出去玩吧！

于是，他拍了拍一旁正在认真看书的赵云帆，提议道："老师一整节课都不在，我们偷偷溜出去打球吧！"

"不去！还没下课呢！"赵云帆果断拒绝道。

"你是怕被老师逮到吗?作为男生,你能不能勇敢一点儿呀?"说着,张小闹轻蔑地笑了笑。

最终,赵云帆还是没有"勇敢"地踏出这一步,而"勇敢"的张小闹,刚蹿出教室门,就被迎面走来的李老师撞个正着。

许多男孩像张小闹一样,认为"勇敢"就是"别人不敢做,我却敢做",于是把翘课、打架、玩危险游戏等当成是勇敢的行为!其实,这些都不是真正的勇敢,而是让爸妈和老师头痛不已的叛逆。

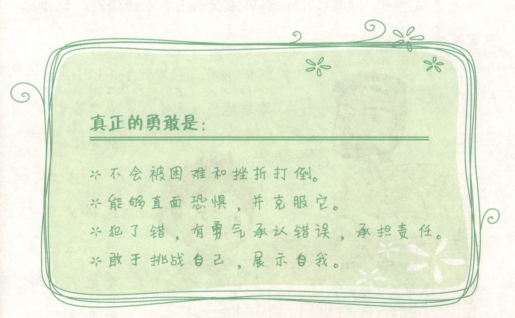

真正的勇敢是:

※ 不会被困难和挫折打倒。
※ 能够直面恐惧,并克服它。
※ 犯了错,有勇气承认错误,承担责任。
※ 敢于挑战自己,展示自我。

别做坏小子

张小闹放学回到家,轻轻地走进门,蹑手蹑脚地穿过客厅,朝着自己的房间溜去。

"你在干吗?"突然,传来爸爸严厉的声音。

张小闹吓了一跳,支支吾吾地说:"我,我准备回房间做作业。"

爸爸皱着眉,说道:"你们班主任刚刚打电话给我,说你把教室的玻璃打碎了。"

糟糕,被发现了!张小闹立刻乖乖地待在原地,等待"暴风雨"的降临。

其实,这样的事已经不止一次发生在张小闹身上了。

张小闹是个"闯祸大王",什么打破玻璃啦,和男生打架啦,欺负女同学啦……样样都有他。在同学们眼中,张小闹就是一个不听话的"坏小子"。

事实上,张小闹并不想做一个"坏小子"。他只是希望通过这种特别的方式,获得老师和同学们的关注而已。只不过,他用错了方法!

吸引别人注意的方式并不是"做坏事",用成功和努力换来的关注更值得骄傲。

如果你也和张小闹一样,是同学和老师眼中的"坏小子",同时又希望自己获得关注,变得优秀,那就从现在开始,改变自己吧!

● **吸引大家注意的正确方法**

- 努力学习,勤奋上进,让大家看到你的进步!
- 明知道是错误的事情,就不要去做。即使不小心犯了错,也要主动向老师和父母承认错误,不要逃避。
- 赶紧找到自己的闪光点,然后将它展示出来吧!

光明正大地竞争

"糟了,我的比赛资料不见了!"

英语知识比赛马上就要开始了,赵云帆却突然发现,自己辛苦准备了一个星期的比赛资料不翼而飞了。他把书包和课桌都翻了个底朝天,也没找到,急得他直冒汗。

"怎么回事,是不是掉在家里了?"一旁的张小闹问。

"不会的,我昨天把资料都放在教室里了,根本没带回家。"赵云帆摇摇头,十分肯定地说。

奇怪,该找的地方都找了,资料到底放哪儿了呢,难道它还能自己长腿跑了不成?这时,张小闹无意间翻开旁边格非的桌子,一本厚厚的资料静静地躺在里面。

张小闹惊讶地瞪大眼睛,说:"这……这不是你的资料吗?"

原来,格非也想报名参加比赛。可是,因为每个班只能有一个人参加,李老师便让赵云帆和格非进行了一次比赛。最后赵云帆拿到了比赛的资格,而格非则被淘汰了。

格非心中很不服气,所以悄悄地藏起了赵云帆的资料……

你觉得格非这样做对吗?要知道,任何的竞争都要公平公正地面对,当你选择不正当的手段时,你就已经输了。

当竞争失败时

- 坦然接受自己的失败。
- 不要把自己的失败怪在别人头上，从自身寻找失败的原因。
- 绝不要用不正当的手段达到自己的目的。
- 即使输了，也别灰心。积攒自己的实力，不断提高自己，下一次，靠实力赢回来吧。

不要争强好胜

体育课上,五年级的同学们正在进行仰卧起坐测试。格非的体育成绩向来不太好,所以,才做了十几个就没力气了。

再看看旁边的张小闹,脸也不红,气也不喘,轻轻松松就做完了五十个。

格非气不过:凭什么他能做到,自己就做不到呢?他重新躺在垫子上,双手抱头,发誓要超过张小闹。可是,格非越是想要多做

几个，身体就越紧张，更加做不好了。

不一会儿，格非出了一身汗，却连十个仰卧起坐都没做到。

其实，在这件事情上，格非没必要一定要争个输赢，张小闹的体育成绩在班上一直是数一数二的，而格非的体力没张小闹好，自然比不过。如果非要争输赢，只会让格非更烦恼。

生活中，似乎每个人都想赢，不想输。求胜心能激发动力，让我们为达到目标更加努力。可是过于争强好胜却会让我们变得浮躁，沉不住气，一旦遭遇失败，很可能会一蹶不振。

所以，**无论做什么事，都要量力而行。**

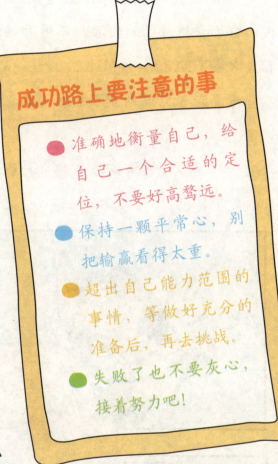

成功路上要注意的事

- 准确地衡量自己，给自己一个合适的定位，不要好高骛远。
- 保持一颗平常心，别把输赢看得太重。
- 超出自己能力范围的事情，等做好充分的准备后，再去挑战。
- 失败了也不要灰心，接着努力吧！

想自立？先自理！

张小闹特别羡慕寄宿生赵云帆，因为他可以自己支配零花钱，自己安排自己的生活，不用听妈妈唠叨，不用被爸爸管，简直太幸福了。

于是，他常常对赵云帆发感慨："我要是能像你一样寄宿就好了。"

"可是，寄宿有好多事都得自己做呢！你能做得到吗？"赵云帆笑了笑说。

起床后要自己叠被子哟！

小闹，玩具玩完要收起来！

是啊！张小闹想要飞出爸爸妈妈的束缚，摆脱他们的监督和管教，却忘了，离开爸爸妈妈，也就意味着什么事都得自己来。

可是，看看张小闹的表现，他真的能做到吗？

像张小闹这样，什么事情都要妈妈帮着做，不能合理安排自己的生活、时间和零花钱，完全没有生活自理能力，简直是家里的"小少爷"，他又如何能做到真正的自立呢？

想要自立的男孩们，赶快从现在开始，动动你们的双手和双脚，告别"小少爷"的称号，大声对爸爸妈妈说："这件事，我自己来做吧！"

一个人也能完成

"这道题我不会解,你告诉我吧!"

"老妈,帮我洗下脏外套。"

"帮我把那本书递一下。"

"嘿,麻烦你帮我检查一下……"

明明只要自己动动手,动动脑,就能轻松解决的事情,张小闹总是让别人帮忙。尤其是在做家庭作业时,只要能向妈妈求助的,他绝不会自己动脑筋。

这天做作业时,张小闹照旧向妈妈求助。可是,妈妈却说:"今天妈妈不帮你,你试着独立完成这次作业。"

张小闹抗议无效,只好乖乖地自己做起作业来。平常一个小时能做完的作业，张小闹足足花了一个半小时。当合上作业本的那一刻，张小闹长长地舒了一口气，满足感和自豪感油然而生。原来，独自做完一件事情的感觉也不错嘛！

当我们在学校遇到难题时，可以向老师和同学求助；当我们在家遇到难题时，可以向父母求助。可是，老师和父母并不能永远陪在我们身边。所以，我们应该学会自己动手，主动思考，能靠自己解决的事情，绝不假手于人。只有这样，我们才能养成独立自主的能力，更好地掌握属于自己的人生。

一个人可以独立完成的十件事

1. 独立完成作业。
2. 一个人上下学。
3. 每个星期看一本书。
4. 把自己的房间打扫干净。
5. 清洗自己的袜子和球鞋。
6. 把书柜里的书分类。
7. 每天起床后，叠好被子。
8. 整理好自己的学习笔记。
9. 解答一道很难的数学题。
10. 上学前，整理自己的书包。

相信自己吧！

"明天就要进行英语知识比赛了，你准备好了吗？"张小闹问赵云帆。

"我觉得好像不太好……"赵云帆有些紧张。

"你可是我们班最棒的！大家都相信你，你也要对自己有信心。"张小闹拍了拍他的肩膀。

赵云帆想了想：是呀，自己是班上挑选出来的代表，对英语词汇、句子、发音等都掌握得很好，应该没什么问题的。实在不行，还能用自信和气势征服评委呀！

想到这儿,赵云帆心里的一点儿小紧张顿时烟消云散了。

第二天,赵云帆自信满满地走上赛场。果然,他凭借着过硬的实力和出色的发挥,勇夺第一名。

自信的力量有多大呢?面对挑战,自信能让你变得更淡定;面对困难,自信能让你变得更勇敢。所以,无论遇到什么情况,我们都要默默地为自己打气,相信自己一定能行!

自信格言

★ 有信心的人,可以化渺小为伟大,化平庸为神奇。
—— [英]萧伯纳

★ 能够使我漂浮于人生的泥沼中而不致陷污的,是我的信心。—— [意]但丁

★ 除了人格以外,人生最大的损失,莫过于失掉自信心了。—— [英]培尔辛

★ 我们对自己抱有的信心,将使别人对我们萌生信心的绿芽。—— [法]弗朗索瓦·德·拉罗什富科

起点低就会输吗？

唐晓云小时候在国外生活过一段时间，因此说得一口流利的英语，口语、词汇、语法全都难不倒她。

而赵云帆转校前一直在农村读书，对英语接触得不多。所以，刚来这里时，他对英语简直一窍不通。

相比较而言，唐晓云的起点比赵云帆要高很多。所以，一开始，两人的英语成绩，一个在车头，一个吊车尾。

可是，没过多久，神奇的事发生了。在一次英语随堂测试中，赵云帆居然取得了和唐晓云一样的成绩，两人并列第一名。

你是不是觉得很惊讶呢？赵云帆是怎么做到的呢？

赵云帆：我认为起点低不代表就会输！如果不想输在起跑线上，就要花比别人多十倍的时间和精力，那样一定能超越别人。

超越计划

1. 上课时绝对不要走神，要多听多问。
2. 每天早晨，多花十分钟时间大声朗读英语课文。
3. 刷牙洗漱时，打开手机，练一练英语听力。
4. 记单词时，别人记十次，我必须记二十次。
5. 试着和朋友、老师用英语进行简单的交流。
6. 多看看外语视频，可以培养语感。
7. 每天写一篇英语小作文。

等什么？马上去做！

"我想写一篇科幻小说。我已经想好开头了，今天晚上就能写完开头。"格非对赵云帆说。

第二天，赵云帆问格非："开头写好了吗？"

格非脸一红，支支吾吾地说："昨天晚上做完作业，已经很晚了，没有时间写。"

第三天，赵云帆又问他："开头写得怎么样了？"

格非说："昨天很忙，就没有写。"

时间一天天过去了，格非的小说依然全部存在脑子里，一个字都没写出来呢。

后来,赵云帆再也不问这件事了。直到有一天,格非无意间看到了赵云帆发表在青少年杂志上的一篇故事,他这才知道,原来赵云帆也一直在默默写作啊!而自己呢,虽然嘴上说得厉害,却因为懒惰,一个字也没有写过。

你是不是有过这样的经历呢?想做一件事情,却出于各种理由,拖拉着没有去做。如果有的话,一定要督促自己,从今天起,就行动起来吧!

- 一旦想要做某件事,就马上去做,不要给自己找任何拖延的借口。
- 和朋友比赛做一件事,效率会大大提高哟!
- 将要做的事分成小块,放进你的计划表里。你每天只要完成一块,这样就会容易很多哟!
- 专心做好一件事,不要这件事没做完,又去做另一件事。

不要对自己松懈

马虎虎有点儿胖，朋友们都叫他"胖虎"。为了摆脱这个难听的外号，马虎虎决定：一定要减肥！

可是，马虎虎虽然嚷嚷得很大声，但一到真正行动的时候，却又变得不坚定了。才坚持了半天不吃零食，晚上一看到妈妈做的美味大鸡腿，他就挪不动脚了；晨跑才进行了三天，第四天便赖在被窝里不肯起床了……

唉，照这样下去，体重怎么可能降下来呢？

果然，一个月后，马虎虎站在体重秤上一看，体重又涨了三斤！

既然决定了去做一件事情，就要告诉自己：一定要坚持下去。如果不能严格要求自己，目标只会离你越来越远。

真正的励志男孩，既能在遭遇困难时迎难而上，也能在安稳舒适的环境中严于律己，居安思危，绝不松懈。

小朋友们，请问一问自己，你是这样的男孩吗？

 严格要求自己

- 给自己增加适当的压力和紧迫感。
- 在小事上约束自己，由小入大，慢慢地，你就会成为一个自制力很强的人。
- 为自己制订一套规则和计划，必须按照规则和计划去做事。
- 让自己多一点儿信心，相信只要努力，就能把事情做好。

走自己的路，让别人说去吧！

学校新开了选修课，围棋课、海洋生物课、剪纸课、电影鉴赏课、声乐课、厨艺课……五花八门，同学们眼睛都快挑花了。

很快，每个同学都选了自己喜欢的课程。让同学们大跌眼镜的是，体育向来不错的张小闹同学居然抛弃了排球课，而选择了女生最多的厨艺课！

"张小闹，你难道想朝着'家庭主男'的方向发展吗？哈哈。"格非的话，引得全教室哄堂大笑。

张小闹一点儿也不在意，双手叉腰说："你们懂什么，谁说男孩就不能下厨了。等我学会

了做各种各样的美食，你们可不要流口水！"

张小闹并不在意大家对他的看法。自从上了厨艺课，他用心学习，很快便学会了很多道美食的做法。

一个月后，张小闹的妈妈过生日，张小闹亲手做了一个生日蛋糕送给妈妈。大家终于明白过来，原来这才是张小闹选择厨艺课的原因啊！

当你听到流言时，是选择放弃，还是选择遮住自己的耳朵，不被流言击退，用实力证明自己呢？

如果你坚信自己的选择没有错，就不要理会别人异样的眼光，坚定地、勇敢地去尝试吧！

● 走好自己的路

- 不羡慕、嫉妒他人，做好自己。
- 不要在意流言蜚语，只要我们自己走得直、行得正、坐得端就好。
- 在做好自己的同时，也不要对别人的行为或选择指指点点。
- 努力做好自己的事情，就会改变别人对你的偏见。

听话就是没主见吗？

除了"胖虎"，马虎虎还有另一个外号——"听话宝宝"。

在学校，马虎虎从不违反学校纪律，不迟到，不早退，上课也不开小差，是老师眼中的"三好"学生。

在家里，他主动学习，按时完成各科作业，对大人交代的事情，也会用心听、认真做，是个从来不让爸妈操心的好孩子。

可是，这些优点到了同学们的口中，却变成了胆小、没主见。许多同学经常这样笑话马虎虎：

"马虎虎是老师的乖宝宝。"

"马虎虎比女孩子还听话呢！"

"马虎虎是个胆小鬼，一点儿男子气概也没有。"

马虎虎也很苦恼，难道听话真的就是没主见吗？难道像那些调皮的男生那样，上课捣蛋，下课闯祸，在学校不听老师的话，在家老是和爸妈顶嘴，就是有胆量、有主见的好男孩了吗？

其实，马虎虎不必苦恼，谁说听话就是没主见，不听话就是有个性？

主见，是指一个人在处理事情时，有独立思考能力、判断能力和发表自己见解的能力。 如果老师和家长说的话是正确的，是对自己有益处的，那么我们做出正确的判断，听他们的话，难道不是一种有主见的行为吗？相反，事事和大人对着干，把任性当成勇敢、把叛逆当成有个性，那才是真正的没主见呢！

男孩，这些话你要听
- ✓ 老师的谆谆教诲你要听。
- ✓ 同学好的意见和建议你要听。
- ✓ 爸爸妈妈或其他大人教你的做人道理你要听。

男孩，这些事你不要做
- ✗ 违反校规校纪的事情不要做。
- ✗ 违背道德、公德的事情不要做。
- ✗ 欺负女孩子、欺凌弱小的事情不要做。
- ✗ 损人利己的事情不要做。

我来做决定

过完年,格非的爸爸想把家里重新装修一下。

这天,爸爸问格非:"你想把自己的房间装修成什么样子?"

一直以来,这种事都是由爸爸妈妈来做决定啊!于是,他挠挠头,回答道:"你们决定吧!我都行!"

"这样啊……"爸爸摸了摸下巴,想了想,继续说道,"妈妈喜欢粉色,那就把墙刷成粉色。我喜欢大软床,就买一个……"

"不行啊!爸爸!"格非赶紧打断爸爸,生怕他再说出什么更可怕的想法。为了阻止爸爸把自己的房间给"毁"了,格非终于决定自己来设计房间。

他花了整整一周的时间,写了满满一页"房间装修小建议",墙面刷什么颜色、书桌摆放位置、书架造型设计、床的大小尺寸……简直一应俱全。连爸爸都惊叹道:"小非,你的水平都赶上室内设计师啦!"

接下来,格非在爸爸的建议和帮助下,对设计做了更合理的修改,然后全家人一起动手,开始装修房间。一个月后,房间装修完毕,格非看着自己亲手设计的房间,心里别提有多兴奋了!

自己做决定，然后努力去完成，是一件特别有成就感的事，它能大大提高我们的自理自立能力，甚至让我们爆发意想不到的潜能哟！

 同学们都做过哪些引以为豪的决定呢？

张小闹：我又长高了，好多衣服虽然很新，但都不能穿了。于是，我决定把它们捐给希望工程。我整理好衣物，查好地址，在妈妈的帮助下，将它们寄给了贫困山区的孩子们。

唐晓云：学校组织"课外知识比赛"，我作为学习委员，向同学们提议，周末一起去图书馆看书，扩充知识量。大家听了我的建议，都积极加入"图书馆之行"。在接下来的比赛中，我们班取得了第一名的好成绩。

 你做过哪些决定，把它们写下来吧！

可怕的陷阱——骄傲！

"这次考得不错，继续加油哟！"一次随堂小考结束后，李老师当众表扬了张小闹。

张小闹高兴极了。

"哈哈，我真棒！"

"我考得很好呀！"

"看样子，我也挺厉害嘛！"

危险警告！张小闹高兴过头，骄傲的情绪趁机冒了出来。

果然，飘飘然的张小闹在学习上放松了许多。

第二次考试很快来临。考场上，张小闹拿着笔，却不知道该如何下笔。很多题看着很熟悉，偏偏就是不会做。

结果可想而知，张小闹这次考得不怎么样。

"张小闹，可不能因为一次小小的成功就骄傲啊！"李老师语重心长地说。

"我没有觉得自己骄傲了呀？"张小闹暗自嘀咕。

张小闹真的没有骄傲吗？有时候，骄傲伪装得很好，我们很难发现它。不知不觉中，我们就会走进骄傲的陷阱。所以，无论我们取得多好的成绩，都要谦虚一点，千万别让骄傲乘虚而入啊！

 取得好成绩，应该怎么做

受到表扬后，让情绪平静下来，告诉自己：我还可以做得更好！

要知道之所以取得成功，都是因为自己的努力。所以接下来一定要更努力才行。

即使取得了第一名，在学习方面也不要有任何懈怠。

保持谦虚的美德。如果有成绩不好的同学向自己请教，一定要耐心解答。

"小皇帝"一样的我

"我想要什么,爸爸都会买给我。"

"在家里,我什么也不用做,反正妈妈都会帮我做好。"

"我们家,我说了算,不管是爷爷奶奶,还是爸爸妈妈都听我的。"

从张小闹的口中,我们常常能听到这些话,而且还是用一种特别自豪的口吻。想要什么就能得到什么,每天什么都不用做,被所有人宠着惯着,乍看之下,张小闹简直就是家里的"小皇帝",生活简直太幸福、太让人羡慕了!

可是,长期这样下去,真的好吗?

让我们一起穿越到二十年以后,看看长大后的张小闹会成什么样。

这实在是太可怕了,张小闹可不想二十年后真的变成这样。看来,从现在开始,他就得改掉"小皇帝"的毛病啦!

我们和张小闹一样，从小生活在温室里，从没吃过苦，也从不缺少什么。可是，长大后的我们总要独自面对风雨，如果现在不试着走出温室，将来没有了爸爸妈妈的庇护伞，我们该如何生存下去呢？

请让悲伤止步

半夜，格非睡得正香，突然被妈妈摇醒。

他揉了揉迷糊的双眼，不耐烦地问道："大晚上的，什么事呀？"

只见妈妈一边抹泪，一边万分沉痛地说道："小非，爷爷去世了。"

格非的脑袋里顿时"轰"的一声，他一句话也说不出来，心里只有一个声音："这不是真的。"

格非记得，从小爷爷最疼他了，有什么好吃的，都会留给他；无论他想要什么，都会

买给他。如今,最爱他的爷爷离开了,他无论如何也无法接受这个事实。

自从爷爷走了,格非每天都沉浸在悲伤中,有时候还会梦到爷爷离开他,然后在梦里哭醒。他甚至会想:人为什么会死呢?如果爷爷能一直陪着自己该多好啊!

身边的亲人离开,是一件特别悲痛的事。可是,随着我们慢慢长大,会经历很多离别,我们应该慢慢学着接受,做个坚强的男孩。

请让悲伤止步吧!

★**多回忆一些开心的事**:想一想,那个夏天和爷爷一起散步、放风筝,冬天窝在爷爷身边听他讲故事……

★**倾诉**。不要把悲伤埋在心里,向爸爸妈妈、知心朋友倾诉一番,在他们的开导下,走出伤痛。

★**转移自己的注意力**。多出去走走,去看好风景,去和好朋友一起玩,把时间用来做开心的事。

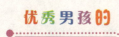

第二章

志存高远，迷路时的指南针

让生活变得有趣点!

哎,到底是生活太无聊,还是格非太无趣呢?

我们常常抱怨生活太平淡,没有乐趣,除了学习还是学习。其实,生活中有很多乐趣,只是都被我们忽视了。

比如,在公交车上,你给一位年迈的老奶奶让座,会感受到帮助他人所带来的快乐!

和妈妈逛街时,路过一家特别的纸雕艺术小店,你会因为新奇的发现而惊喜不已!

在超市里,售货员阿姨给你一个热情的微笑,会让你瞬间备感亲切和温暖!

还有,原本枯萎的植物,突然重新发芽了,相信你也会为生命力的强大而感到震撼……

生活中处处充满着乐趣。只要我们有一双善于发现的眼睛和一颗乐观开朗的心,就能够发现它们哟!

除了吃饭、学习、玩游戏、看电视,就没其他事做了吗?去尝试做一件自己从来没做过的事情吧,那一定会很有趣!

让生活变得充实有趣的好方法!

· 如果你总是抱怨生活无味,那么你试着给平淡的生活换个花样,就从你身边鸡毛蒜皮的事情开始改变,你的生活就会慢慢发生奇妙的变化。

· 花点儿时间在其他事情上,比如养一些动植物。

· 多培养爱好,学习一些新的东西,比如钓鱼、下棋等。

· 去社交,去认识更多的朋友。

充满希望地生活

张小闹的叔叔出车祸了,两条腿骨折,裹在石膏里不能动。

张小闹和妈妈去医院看望叔叔。病房里并不像张小闹想的那样愁云惨淡。叔叔坐在病床上,伸起左手,对张小闹的妈妈说:"嘿,天天躺在病床上,我的腿都要发霉了。等我腿好了,一定要去爬一爬珠穆朗玛峰!"

看到叔叔还能开玩笑,张小闹也就放心了。

回家的路上,张小闹对妈妈说:"没想到叔叔这么乐观!"

妈妈笑着说："人活着就是要充满希望，有了希望，一切才会好转呀！"

在家人的精心照顾下，叔叔渐渐痊愈了。连医生也觉得惊讶，他还是头一次看到恢复得这么快的病人呢！

是呀，只要有希望，困难就会变得没那么可怕，更容易战胜。所以，无论我们遭遇什么样的困境，都要充满希望，不要放弃。咬咬牙，前面就是更美的晴天。

 不轻言放弃的朋友

蜗牛，背着重重的壳，一步一步，终于爬到终点。

小草，冬天干枯了，来年春天又会冒出绿芽来。

迎客松，长在悬崖峭壁的石缝里，任由风吹雨打，依然坚韧挺拔。

梅花，不畏惧严寒，在冬天独自盛放。

用实力服众

班里要选一位组织委员,好多同学都报名了。最后,班主任李老师宣布竞选的结果,却让所有人都大吃一惊,因为当选组织委员的,竟然是平时毫不起眼的马虎虎。

同学们议论纷纷:"马虎虎这么内向,能担当组织委员的重任吗?"

"马虎虎不会是走后门了吧?"

"马虎虎当组织委员?以后我们班的班级活动肯定一团糟。"

马虎虎听到这些议论,心里很难过,他找到李老师,摘下组织委员的袖章,说:"老师,我不适合当组织委员,您还是选别人吧。"

李老师不但没有责备他,反而问道:"你知道我为什么选

你当组织委员吗?"

马虎虎挠了挠头,摇晃了几下脑袋。

李老师微笑着说:"那是因为老师发现你很有责任心,是组织委员的不二人选。大家之所以对你有意见,是因为大家没有看到你的成绩。所以,抓住这个机会,证明给大家看吧!"

马虎虎将老师的话记在心里。当上组织委员后,他尽心尽力,处处为同学分忧,很快在班里树立起了威信,不满的声音也渐渐地消失了。

马虎虎用实力证明了自己,这也是对别人的质疑最好的回击!

如何让别人信服你

- 用能力证明自己,胜过用空话吹嘘自己。
- 尽自己最大的能力去做好一件事。
- 从实际出发,实事求是,不要不懂装懂。
- 有多大的能力,就去做多大的事,量力而行。
- 不断地完善自己,让自己的能力越来越出众。

给自己的奖励

张小闹一边哼着歌,一边迈着轻松的步子,走进教室。赵云帆看了他一眼,问:"什么事这么开心啊?"

张小闹晃了晃手里的新钢笔:"昨天我的作文得了满分,所以给自己买了一个礼物,奖励自己。"

赵云帆感到有些不可理解:这有什么值得高兴的?自己的作文还拿过奖呢,也没有奖励过自己什么啊!

其实,张小闹为了鼓励自己,还专门做了一张"进步表"。

每取得一点进步,他就在进步表上加上一个五角星,当累积到一百个五角星时,他就会给自己一个小小的奖励。

张小闹成绩不太好,所以,即使取得了小小的进步,他也很高兴。如果给自己一个奖励,就能鼓励自己更加努力,取得更大的进步,这样的事情为什么不做呢?

进步表不仅能督促我们更努力地学习,还能提高我们的自信心,所以,赶快给自己也制订一张进步表吧!

	没有迟到	作业全对	书面整洁	认真听课
星期一				
星期二				
星期三				
星期四				
星期五				
五角星总计				

 # 人生的北极星

吃完晚饭，张小闹和爸爸坐在阳台上聊天。

深邃的夜空中繁星点点，张小闹指着夜空，兴奋地说："老爸，你看，我们老师说过，那就是北斗七星，形状像一把勺子！"

爸爸笑呵呵地说："那你知道北极星吗？"

张小闹摇摇头。

"北极星挨着北斗七星,是天空中最亮的星。你顺着北斗七星的勺口往前看,就能看到了。"

张小闹仔细一看,果然发现有一颗比周围的星星都亮的星。

"北极星处于正北方的天空,古时候,有人迷路了,只要抬头看一看北极星,就能找到方向。"爸爸认真地说,"每个人心中也应该有一颗北极星,指引自己人生的方向。"

张小闹若有所思地点点头。是呀,人生中的目标就如同一颗北极星。如果没有目标,就会陷入迷茫,只要有了目标,就能看清人生的方向,大步向前!

点亮心中的北极星

1. 你的人生方向(目标)是什么?
2. 你的梦想是什么?
3. 你会为了梦想而努力吗?
4. 你具体准备怎么做呢?

大理想和小·理想

"你们的理想是什么？"课堂上，老师问大家。

"我的理想是成为一名出色的运动员。"张小闹第一个说。

李老师点点头："嗯，运动员可不容易当呀，要加油哟！"

赵云帆也举起手来："我的理想是成为一名科学家。"

"这个理想很好，希望你能努力去实现它。"李老师表扬道。

同学们纷纷举手，说出自己的远大理想，有的想当数学

家,有的想当宇航员……只有格非坐在座位上,一言不发。

"格非,你也来说说你的理想吧!"李老师点名道。

格非站起来,有些不好意思:"我没什么远大的理想,我的愿望很小,就是希望能考上市里最好的中学。"

李老师微微一笑,说道:"无论理想是远大,还是渺小,只要你为了它而奋斗,它就是有意义的!"

志存高远是好事,但如果我们不为此努力,不去实现它,它就像是一个不真实的梦,可望而不可即。而再渺小的理想,只要我们努力去实现它,那它就会成为我们人生路上一座新的里程碑。

理想是什么?

★ 理想是指路明灯。没有理想,就没有坚定的方向;没有方向,就没有生活。——[俄]列夫·托尔斯泰

★ 理想,能给天下不幸者以欢乐。——[苏]高尔基

★ 人需要理想,但是需要的是人的符合自然的理想,而不是超自然的理想。——[苏]列宁

★ 只要一个人还有所追求,他就没有老。直到后悔取代了梦想,他才算老。——[美]巴里穆尔

空想家与实干家

赵云帆写的作文登上了报纸，还赚到了一百元的稿费。张小闹羡慕极了，立誓要努力写作文，投稿赚稿费。可实际上呢，老师布置的日记他从来没认真写过。

马虎虎在奥数比赛中拿到了好名次。张小闹也很羡慕，他告诉自己一定要学好数学。可是，数学课上，张小闹照样蒙头大睡。

唉，等到张小闹拿到稿费、学好数学，只怕铁树都要开花喽！

仔细想一想，你有没有像张小闹一样：一边说着这次考试要考出好成绩，一边却抱着漫画书看得津津有味；一边说着想成为一名科学家，一边却丢下作业玩起了游戏；一边说着要成为一个有出息的人，一边却不思进取，什么也不做……

一不小心，我们就变成了"只说不做"的空想家。

然而，想要成为一个励志、有出息的人，就必须摘掉"空想家"的帽子，努力变成一个说到做到的"实干家"。

实干家和空想家，你愿意做哪一种呢？

如果你选择成为一名空想家，那你将永远无法获得成功。因为成功不是说来的，而是通过行动赢来的。就好像当你面临一座高峰时，只有一步一个脚印，才能攀上峰顶，否则你永远只能在山脚徘徊。

如果你选择成为一名实干家，恭喜你，布满荆棘的道路会被你踩在脚下。你将会攀上峰顶，收获成功，看到更远更美的风景。

别让梦想生锈了

爸爸给格非买了一把漂亮的吉他作为生日礼物，希望格非在学习之余，能学好一门特长。格非非常喜欢，每天都抱着吉他不撒手。

可没过多久，格非就对弹吉他不感兴趣了。吉他被格非放进盒子里，塞到了床底下。

很久之后的某一天，格非突然心血来潮，想弹弹吉他。他兴致勃勃地将吉他从床底下拖出来……没想到，吉他上积了一层厚厚的灰，琴弦也生锈了，弹出来的声音难听极了。

零食如果放着不吃，时间久了，就会过期、变质；乐器如果不经常使用，时间长了，再昂贵的乐器也会蒙尘。

我们的梦想也是一

样。如果口口声声说"我有一个梦想",要为实现梦想而努力奋斗,可是新鲜劲儿一过,就把它搁置一边,不再理会。渐渐地,梦想也会生锈,等有一天再记起它时,它就像被遗忘在床底的那把吉他一样,再也发不出美妙的旋律了,梦想就变成了空想。

让梦想保持新鲜活力的最好办法

- 想到什么就去做,不要只在嘴上说说。
- 把梦想分割成很多个小目标,每天完成一点点,每天进步一点点,梦想总有一天会实现。
- 将梦想写在便签纸上,贴在自己最容易看到的地方,时刻提醒自己:别忘了梦想,今天也要加油哟!

贫穷与富有

"你知道吗?隔壁班的杜子萧家很有钱!"这天早上,格非突然凑到赵云帆耳边,对他说道。

赵云帆正在看书,听到格非的话,只是看了他一眼,淡淡地说:"是吗?"

格非点点头,露出一副羡慕的表情:"今天我亲眼看到他爸爸开豪华跑车来送他。据说他家住在郊外的别墅里,家里有一个漂亮的花园和一个超级大的游泳池。对了,听说他们家还养了一只藏獒呢!"

赵云帆放下书,思考了一会儿,说:"照你这么说来,我家也很富有呢!"

"啊?"格非瞪大了眼睛。

赵云帆笑了笑,说:"你想啊,他们家有一只藏獒,我家有一只'中华田园犬',还有一群鸡鸭、两头猪、一头牛,还有山里的野鸡、野兔呢!他们家有超大的泳池,我家门前的河是我的VIP游泳馆;他们家有漂亮的花园,我家屋后有一座大山,山上尽是奇珍异草,可好玩了!"

格非听赵云帆说完,愣了好一会儿,才拍着腿大笑:"你说得有道理啊,看样子,我们都很富有,哈哈。"

我们拥有什么

- 窗外美丽的风景
- 爸爸妈妈的陪伴
- 优良的品质和人格
- 美好的学习时光
- 悦耳的鸟鸣，动听的音乐
- 健康的身体
- 良师益友

虽然我们没有特别富裕的家庭和丰富的物质条件，但是，我们并不贫穷，因为我们拥有很多金钱都买不到的东西。好好珍惜我们所拥有的一切吧！快来想一想，富有的我们，还拥有什么呢？

"远大"的梦想

格非说，他的梦想是考上市里最好的中学。

"那么，考上好中学之后呢？你的下一个目标是什么？"

当张小闹这样问格非时，格非想了想，认真地回答道："考上全国最好的大学。"

"然后呢？"

"然后……"格非越说越兴奋，"将来开公司，赚大钱，住最好的别墅，开最好的车，成为世界上最成功、最富

有的人。"

"哇！"听完格非的梦想，张小闹不由得发出感慨，"你的梦想真远大啊！"

可是，这样的梦想真的很远大，很了不起吗？且不说实现它的难度有多大，首先我们是不是应该问问自己，"远大"的梦想就是指赚大钱吗？真正成功的人生就是成为富有的人吗？

不！当然不是！成为对社会有用的人，成为品德高尚的人，成为自己想要成为的人，都是一种成功。而物质理想的实现，只是人生很小很小的一部分，它不应该成为主导我们人生的目标，更不是我们努力奋斗的唯一理由。

● 真正远大的梦想是：

1. 努力培养自己各方面的能力，将来为社会做贡献。

2. 成为出色的人才，报答父母，甚至报效祖国。

3. 将来成为一个有修养、有素质的大人。

4. 另外，每一个纯真的理想都值得被尊重和呵护。

有梦想，永远不晚

其实，格非除了想考上好的中学，他还有一个小梦想一直埋在心底。

在格非三岁时，他就喜欢在墙上、地板上，甚至爸爸的衬衫上"作画"。他画得有模有样，还真有点儿"天才小画家"的架势。可是，妈妈却常常为清理他的这些"杰作"而感到头痛，无奈之下，只好收起了他的画笔。从那以后，他再也没有接触过画画。

想起这件事，格非还觉得很遗憾呢！

于是，他把自己的苦恼说给张小闹听。张小闹便鼓励他："既然你喜欢画画，那就去学画画呗！将来成了大画家，可别忘了我啊！"

"唉！"格非叹了口气道，"那已经是小时候的事了，我现在都不知道怎么拿

笔了。"

格非年纪不大,可是他总觉得"三岁"离自己太远了,那时候的爱好也已经远离自己,想要再拾起来,实在太难了。

直到有一天,李老师得知格非的苦恼,给他讲了一个故事。

李老师:在美国有一位作家,名叫乔治·道森。他在90岁之前连字都不认识,觉得自己的一生都虚度了。于是,他进了扫盲班,开始学识字,学文化知识,学写作……终于,他在102岁那年,完成了自己的处女作《索古德的一生》,成为了一名畅销书作家。

格非:我明白了!乔治爷爷都90岁了,还能有梦想,为梦想奋斗,而我才10岁,人生才刚刚开始,怎么能丢掉梦想呢?

是啊!人只要有梦想,什么时候开始都不晚。

第一个和最后一个

每天清晨，同学们来到教室时，教室里早已传来赵云帆琅琅的读书声。

当放学的铃声响起，同学们都迫不及待地背上书包，恨不得背后生出一双翅膀，快快飞回家时，只有赵云帆还坐在座位上，埋着头，认真地看书。

赵云帆总是第一个走进教室，最后一个离开教室的人。

有一天，张小闹忍不住问他："你干吗总是第一个来，又最后一个走呢？"

赵云帆回答道："因为这样一来，我就比其他同学多出很多学习时间了。"

每天比别人早一点儿开始，再比他们晚一

点儿结束，这看起来并不起眼的举动，却是一点一滴的积累，让你拥有比别人更多的时间，也就收获了比别人更多的可能。

我们总是一边抱怨学习任务太重、学习时间不够，一边又拿有限的时间，来睡懒觉、玩游戏、荒废生命。如此一来，远大的理想何时才能实现呢？

如果我们能像赵云帆一样，善于在生活的缝隙中挤时间，用来学习，用来实现目标，相信就没有完不成的事。

名人小故事：凌晨四点的洛杉矶

大家都知道科比·布莱恩特，他是21世纪最出色的美国NBA篮球明星之一。在一次采访中，记者问他："你为什么会如此成功呢？"他反问记者："你见过凌晨四点的洛杉矶吗？"记者摇摇头。科比说："我知道洛杉矶十多年间每一天凌晨四点的样子，它让我变成了肌肉强健、有体能、有力量，有着很高投篮命中率的运动员。"

在其他篮球队员还在睡梦中的凌晨四点，科比已经开始锻炼，而且一坚持就是十多年。可想而知，在科比的光环背后，有着多少汗水和努力呀！

年龄小，胸怀广

俗话说"宰相肚里能撑船"，同学们却说"马虎虎的肚子里能撑航母"呢！难道是因为马虎虎胖嘟嘟的，肚子大，大家在笑话他？

  真相马上揭秘：

同桌唐晓云不小心把墨水瓶打翻了，染黑了马虎虎刚做完的整张试卷。马虎虎愣了两秒钟，摸摸头，说道："没事！我再找老师要一张卷子就好了，我好多题掌握得不是太牢，正好可以再做一遍，巩固巩固。"

张小闹总喜欢给马虎虎起绰号，什么"胖虎""听话宝宝"。马虎虎不但不生气，还"嘿嘿"地笑着说："我还是比较喜欢'胖虎'这个绰号，多有意思啊！"

这天，轮到马虎虎和格非做值日。格非坐在课桌上，非但什么事也不做，还指挥马虎虎干这干那。其他同学都替马虎虎鸣不平，马虎虎却大度地说："没事！这次我来做，下次格非来做。而且，我正好减减肥呢！"格非听了，不好意思地站起来，默默地拿起了扫把。

原来啊，马虎虎就是班里的"小宰相"，心胸宽广，肚子里当然能"撑航母"啦！

心胸宽广的男孩，能原谅他人不小心犯下的错误；心胸宽广的男孩，不会为一些小事斤斤计较；心胸宽广的男孩，更能豁达地接受别人的不足。

男孩，你要记得，你只有拥有了宽广的胸怀，才有实现大理想的气魄，你的世界才能更广阔！

爱上阅读,开阔视野

每个周末,赵云帆都会去图书馆看书。童话书、历史书、科普书、校园小说……各种类型的图书,他都爱看。

不爱看书的张小闹很不理解,于是问他:"看书有意思吗?周末这样的好时光,应该用来打球、玩游戏。"

"看书可有意思了!"赵云帆随即从包里翻出一本《十万个为什么》,打开来,耐心说道:

"看书,让我知道了为什么太阳是个火球,为什么月亮有时缺、有时圆,为什么星星只有在晚上才发光……

"它让我看到了一个五彩

的世界。如果不看书,我哪能知道原来世界这么奇妙、这么精彩呢?"

"嗯!你说得很有道理。"张小闹若有所思地点了点头。

是啊!书籍是我们的朋友。阅读生物书,让我们了解丰富的大自然;阅读天文书,让我们认识神秘的宇宙空间;阅读历史书,让我们揭秘几千年前的人类文明……让我们爱上阅读,多读书,读好书,开阔视野,充实自己吧!

阅读的妙处

1. 丰富我们的知识面。
2. 让我们了解生活空间之外更广阔的世界。
3. 点亮心灵,陶冶情操。
4. 增强好奇心和想象力。
5. 使脑海里的"千万个为什么"得到解答。
6. 拥有更远大的理想。

我的名人榜样

说到看书,赵云帆最爱看的还是中国四大名著之一《三国演义》。虽然很多地方他还看不太明白,可是他很喜欢里面塑造的人物。有勇有谋的诸葛亮、仁德重义的刘备、威猛无敌的关羽,还有乱世枭雄曹操,都是他崇拜的榜样。

课余时间,他经常翻阅这些名人的故事,什么"诸葛亮草船借箭""刘备三顾茅庐""桃园三结义""曹操望梅止渴"……看多了这些故事,了解了这些英豪,他甚至感觉自己的身体里也油然

升起一股英雄气概呢!

从古至今,国内国外,英雄、伟人辈出,他们的故事之所以流传千古,他们的精神之所以永垂不朽,那是因为,这些是经过时间长河的洗涤,经过一代又一代后人的传承,留下来的人类文明的结晶。

男孩子,应该像赵云帆一样,在心里树立一些名人榜样,从他们身上吸取浩然之气。慢慢地,在他们的感染下,你也能树雄心、立大志,成为一个真正气宇不凡的小小男子汉。

【中外名人榜样墙】

(请你来补齐你心目中的名人榜样吧!)

励志好榜样:霍金 贝多芬 史铁生

学习好榜样:鲁迅 达·芬奇 李时珍 牛顿

英雄好榜样:岳飞 文天祥 霍去病

好榜样:

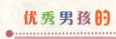

读书有什么用？

数学课，张小闹趴在课桌上呼呼大睡……

英语课，张小闹低着头看课桌下的漫画书……

自习课，张小闹像个陀螺转来转去，自己不学习，还打扰周围的同学学习……

同桌格非实在受不了他了，就一脸严肃地问他："张小闹，你为什么老是不学习啊？"

张小闹双手抱在胸前，摆出一副无所谓的样子，回答道："读书有什么用？我将来可是要成为体育明星的，那些数学啊，英语啊，品德啊，以后又用不上，对我一点儿

用处也没有,学它们简直是浪费时间。"

"怎么会没用?"格非说道,"就比如说英语吧!将来你成了体育明星,去世界各地比赛、接受采访,不会说英语,多没面子啊!"

"……"张小闹一时语塞,他觉得格非说的好像有几分道理呢!

很多同学和张小闹一样,觉得书本上讲的知识在生活中根本用不着,又或者和自己的理想无关,就认为读书没用。可是,我们看事情不能只看表面,仔细想一想,你就会发现,读书的用处可大了!

读书不仅仅可以获得知识,还可以获得:

- 拥有同学和朋友,收获宝贵的友谊。
- 拥有独立思考的能力。
- 拥有学历,这是将来实现理想的敲门砖。
- 拥有处理各种人际关系的能力。
- 明白做人的道理,成为一个有修养、讲文明的人。
- 增长见识,开阔视野。
- 一段最美好、最快乐的读书时光。

学习是一种修炼

张小闹之所以不爱学习，除了自认为学习没用之外，其实真正的原因是，觉得读书实在是太辛苦了！

每天清晨六点半就要起床去学校，好辛苦啊！

每天总是有背不完的语文课文、英语单词、数学公式，好辛苦啊！

随堂测试、单元考试、期末考试……没完没了，真的好辛苦啊！

张小闹心想：学生一定是世界上最累的一种人。他真搞不明白，学习这么累，为什么还有那么多同学在拼命学习呢？更让他弄不懂的是，像赵云帆、唐晓云他们，不但看不出学得很累，反而一副学得很起劲的样子，这究竟是怎么回事呢？

赵云帆：刚上五年级的时候，我没有找到正确的学习方法，学起来也很吃力呢！后来，我摸索出了一套自己的学习小窍门，学习效率提高了，自然就不觉得累了！

唐晓云：学习确实不轻松。可是我经过无聊和辛苦的学习过程，收获了优异的学习成绩，这让我感到特别快乐。

瞧！其实对每个人来说，学习都是辛苦的。可是，只要你找对学习方法，活学活用，学习就会变得没那么枯燥乏味；只要你能坚持下去，就能收获学习带给你的成功的喜悦。

学习是一种使命，也是一种修炼，它是我们成长中最漫长的一个阶段。它很辛苦，也很困难，可是如果我们努力修炼，将它征服，未来就没有什么能难倒我们的。

日记教我了解自己

每天晚上做完作业，格非都会写一写日记，记下这一天发生的重要的事，自己对这些事的一些看法。有时候，他犯了什么错，觉得自己有哪些做得不好的地方，也会记在日记本里，认真反省。

格非的日记本

3月12日
今天检查视力，我的视力又下降了，以后要少玩电脑游戏，多出去走走……

4月1日
今天是愚人节，张小闹只不过开了个小玩笑，我就生气了，弄得大家都很尴尬。这个毛病得改改，干吗动不动就生气呢？

自从有了这本日记本,他就像和另一个自己交上了朋友,经常用日记的形式,和自己对对话,自己教育自己,自己鞭策自己。即使没有爸爸妈妈和老师的监督,他也能做好自己的小管家,严格要求自己。

5月21日
今天,老师给我讲了乔治爷爷的故事,我要把他作为榜样,坚持梦想。从明天开始,买画纸和画笔,学画画!加油!

日记,除了可以记下秘密,还可以成为你的镜子,让你更加了解你自己,助你变成更好的自己哟!那么,从现在开始,准备一个简单的日记本,开始你的日记之旅吧!

第二章

永不止步，
在风雨中奔跑

没有理由不坚强

在一次体育课上,张小闹踢足球不小心弄伤了胳膊。医生给他的胳膊缠上了厚厚的纱布,并告诉他,要一个月后才能好。

受伤的地方又痒又痛,让张小闹没法上学,没法和好朋友出去玩,甚至连觉都不能好好睡,他痛苦极了。

一个周末,李老师带领大家一起去疗养院做义工,也带上了张小闹。张小闹碰到了一位漂亮的小姑娘,年纪和他差不多大。不过,因为一次意外事故,她失去了行动能力,只能永远地坐在轮椅上。

当朋友们都在草地上奔跑玩耍时,她只能待在树下,羡慕地看着他们。

"天哪,你真可怜。" 张小闹同情地说。

"谢谢你的同情,不过,我觉得现在很好。"小姑娘说,"你知道吗?我以前还因为打针哭过鼻子呢!你看我现在,一天打三次针也不会哭呢!"

小姑娘的坚强让张小闹又羞愧又感动。他一想到自己受了点小伤就叫苦连天,顿时脸都红了。

这个小姑娘失去行动能力了都能这么勇敢,自己还有什么理由不坚强呢?

● **男孩,要坚强!**

- 跌倒了,勇敢站起来,忍痛向前。
- 遇到困难与挫折,不要害怕,接受挑战。
- 遭遇失败,不要放弃,再试一次。
- 面对质疑,别沮丧,用行动证明自己。

不知道的事有很多

"赵云帆,这道题该怎么解?"

"赵云帆,这句英语怎么翻译?"

"赵云帆,地球上最大的岛是什么岛?"

赵云帆同学最近读了很多书,知道了好多别人不知道的事儿,大家都夸他"上知天文,下知地理",无论遇到什么问题,都会第一时间询问他。

渐渐地,赵云帆有点儿得意了。

有一次,唐晓云问他:"赵云帆,我能问你一个问题吗?"

"问吧!"赵云帆一副自信满满的样子,"没有什么我不知道的。"

"你知道2015年获得诺贝尔奖的中国女科学家是谁吗?"

"这……"赵云帆被问住了,只得挠挠头,一脸尴尬地解释道,"我没有时间看新闻,所以……"

这时,张小闹从一旁跳出来,抢答道:"我知道!是屠呦呦。她之所以获得诺贝尔奖,是因为她发现了青蒿素。"

"张小闹,这你都知道啊!"唐晓云简直对他刮目相看。

张小闹不好意思地挠挠头,说道:"我昨天刚看了关于诺贝尔奖的新闻啦!"

接下来,唐晓云和张小闹兴致勃勃地聊起了诺贝尔奖。赵云帆站在一旁,一句话也插不上,只得悻悻地离开了。

世界那么大,我们不知道的事还很多呢!学无止境,收起你的自满,沉下心来,努力学习吧!

一个人，不害怕！

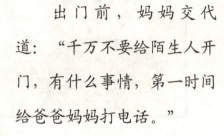

星期五的晚上，马虎虎的爸爸妈妈要加班，留马虎虎一个人在家。

出门前，妈妈交代道："千万不要给陌生人开门，有什么事情，第一时间给爸爸妈妈打电话。"

"知道啦！"马虎虎一边玩游戏，一边不耐烦地回答道。

不一会儿，爸爸妈妈出门了，家里面顿时特别安静，马虎虎只听见自己敲击键盘的声音，不由得打冷战。一时间，各种恐怖的镜头浮现在他的脑海中，他越强迫自己不去想，那些可怕的画面越是调皮地跳出来。

马虎虎努力让自己镇定下来。他打开一旁的音箱，将音乐声开到最大,然后跟着音乐大声唱起歌来。家里顿时变得热闹起来,渐渐地,他便不那么害怕了。

不管是女孩,还是男孩,都会有害怕独处的时候,这并不代表你很胆小,你只是害怕孤单,没有安全感而已。可是,想要成为顶天立地的男子汉,将来能够独当一面,第一步,就是要克服内心的孤独感,让自己不再害怕独处。

- 像马虎虎一样,把音乐开大声,让一个人的家里变得热闹起来。
- 去想一些开心的事情,或看一些有趣的书籍、电视节目,分散自己的注意力。
- 给自己找点儿事做,让自己忙碌起来。
- 把门窗都反锁好,让自己处在一个相对安全的环境中。
- 平时多多锻炼自己的胆量,让自己从骨子里变成一个勇敢的男孩。

我是"冒险王"

周末一大早，张小闹就跟着爸爸出门了。两人都穿着运动服、运动鞋，背着大背包，这是要去干吗呢？

只见两人来到家附近的公园，在一面陡峭的人工岩壁前停住脚步。两人都打开背包，从里面拿出绳套、锁扣、护膝、安全帽等设备，往身上穿戴。不一会儿，张小闹做好了全部的准备工作，他走到岩壁下，在爸爸的帮助和保护下，开始往上攀爬。

没错，张小闹正在做攀岩运动呢！这可是他最爱的一项运动，每隔一段时间，爸爸都会带他来这里攀岩。

攀岩是一项很累的运动，它需要很强的臂力和耐力；同时，攀岩也是一项冒险运动，因为人在徒手攀登时，很容易剐伤手脚，有时候甚至有从墙上掉下来的危险。

可是，张小闹一点儿也不害怕，反而越来越喜欢这项运动，他说："男孩子就应该勇敢接受各项挑战，具有冒险精神。"

除了攀岩，张小闹还经常参加游泳、踢足球、越野跑等户外活动。老师和同学们都感叹："张小闹可真是名副其实的'冒险王'啊！"

男孩子，天生具有勇于挑战、坚韧不拔、无所畏惧的品质，而适当地冒险，能让这些品质得以释放和完善。别怕辛苦，别怕受伤，只有经受住各种考验和困难，经过千锤百炼，你才能成为坚强的男子汉。

注意啦！冒险要适当，可千万不要过界哟！

1. 打架、斗殴、放鞭炮等危险的游戏不参与。
2. 像攀岩、滑雪、游泳等容易受伤的运动，请在大人的监督和指导下进行。
3. 始终记住，安全第一，冒险第二。

我是动手小能手

星期六,赵云帆受邀去张小闹家做客。他一走进张小闹的房间,就被门口一大堆各种形状的积木吸引,于是问道:"张小闹,这些是什么?"

"这是'海盗船'的积木,我都拼了一个星期了,还没拼好呢!"张小闹不好意思地笑了笑。

"咦!这里不是有说明书吗?"赵云帆将说明书从积木

堆里抽出来,继续说道,"按照说明书来拼,应该很快就能拼好吧!"

"说明书那么厚一本,看完它累都要累死了。"

赵云帆一边翻看说明书,一边鼓励张小闹:"别担心,按照上面的步骤,一步一步拼,很快就能拼好的。让我们一起完成它吧!"说着,他便蹲下身来,开始整理乱七八糟的积木堆。

在赵云帆的感染下,张小闹也动起手来。两人先把积木分好类,然后再按照说明书上的步骤,船体骨架—船身—船舱—甲板—船帆,一点一点拼接,一艘庞大又豪华的海盗船慢慢出现在眼前。

当他们完成最后一块船帆的拼接时,天都已经黑了。看着自己亲手搭建的海盗船,两人开心得手舞足蹈起来。

你也来活动活动双手,亲手制作一件手工制品吧!它能锻炼你的耐心、细心和意志力,还能让你从中收获成功的喜悦感哟!

 除了手工制品,你还可以做这些:

养一盆植物,悉心照料它。

试着亲自修理坏掉的拼接玩具。

帮妈妈整理和收纳家里的物品。

在探索中前进

同学们正在教室里上课，突然，天空乌云密布，紧接着一道刺眼的闪电划破天空，整个大地像是突然被谁按下闪光快门，骤亮！

坐在窗户边的马虎虎吓得赶紧捂住耳朵，惊慌地大喊："打雷啦！"

可奇怪的是，雷声没来，反而惹来全班的哄笑声。直到笑声持续了两三秒，雷声才闷闷地从天边传来。

"真是奇怪啊！为什么闪电和雷鸣不是同时到来呢？"马虎虎心里满是疑惑。

从那以后，只要一下雨，他就会细心观察闪电和雷声，并发现每次闪电都比雷声来得快。

一个月后，马虎虎找到李老师，将自己遇到的问题说给她听，并向她请教。

老师望着勤学好问的马虎虎笑了，耐心地为他讲解道："光和声的传播速度是不一样的，光的速度快，声的速度慢，所以我们总是先看到闪电，再听到雷声。实际上，电闪和雷鸣是同时发生的。"

"哇！这真是太神奇了！"马虎虎听了恍然大悟。

从此，他对学习科学知识更加入迷了。

除了电闪雷鸣，世界上还有好多神奇的事物等着我们去探索呢！男孩，千万不要停下探索的脚步哟！只要你保持一颗好奇的心、好学的心，在探索中前进，整个世界都将在你脚下。

可贵的探索精神

★ 真理的大海，让未发现的一切事物躺卧在我的眼前，任我去探寻。——[英]牛顿

★ 人的天职在勇于探索真理。——[波]哥白尼

★ 我的人生哲学是工作，我要揭示大自然的奥妙，为人类造福。——[美]爱迪生

★ 我要把人生变成科学的梦，然后再把梦变成现实。——[法]居里夫人

★ 不登高山，不知天之高也；不临深谷，不知地之厚也；不闻先王之遗言，不知学问之大也。——荀况

勇敢踏出第一步

"实在太可怕了!"

张小闹第一次站在游泳池边,低头看着幽深的池水,不由得打了个冷战。他心想:池水看起来很深呢,我要是跳下去,一定会淹死吧!

正当张小闹犹豫之际,身后突然伸出一只手,猛地推了他一把,他"啊"的一声,一头扎进了水里。

"救命啊!救命啊!"张小闹拼命地扑腾着双手双脚,大声喊叫着。

这时,岸上传来游泳教练的声音:"张小闹,你听我说,试着调整呼吸,慢慢控制身体平衡,然后慢慢摆动双脚……"

慢慢地,张小闹镇定下来,吃力地按照教练说的做。呼吸、平衡、摆动……哈,他居然浮在了水面上!

张小闹踏出了第一步,克服了对水的恐惧,接下来,学起游泳来,简直如鱼得水呀!

成长中,我们会遇到很多事情,它们就像可怕的深水,看似永远不可能克服,可是,只要我们勇敢踏出第一步,就会发现,我们想象中的困难,原来根本不堪一击。

唐晓云:打针看起来很可怕,其实只要挨过针头插入身体的那一秒就好了,就像被蜜蜂蜇了一下,根本没想象中的那么痛。

马虎虎:我下定决心要减肥。今天早上,我跑了3000米,虽然速度很慢,但是一个好的开始!加油,马虎虎!

那么你呢?请选择一件你一直想做,却没有勇气踏出第一步的事,勇敢开始吧!

我:

万事开头难

马虎虎正在和爸爸练习打网球。爸爸发过来一个球，马虎虎紧盯着飞来的网球，用力挥拍。可是，网球像长了眼睛，一次又一次和马虎虎擦肩而过。无论马虎虎怎么做，他就是接不住球。

"继续！再来一次。"爸爸在另一头，大声地鼓励。

马虎虎把网球拍往地上一摔，气呼呼地嚷嚷道："算了！我不练了，太难了！"

爸爸走到他身边，耐心地对他说："我刚开始打网球时，比你的情况更糟糕，不仅接不住球，连球拍也握不稳呢！对于第一次接触网球的你来说，这确实很难，但这绝不能成为你放弃的理由。"

听了爸爸的话,马虎虎瞬间充满力量,他握紧拳头,大声说道:"爸爸,我不会放弃的!"

俗话说:"万事开头难。"不仅仅是学习网球,无论做什么事情,开头都很不容易。如果我们一开始就因为一点儿困难而放弃,那么就永远无法把这件事做好,也就永远尝不到成功带来的快乐啦!

好的开始是成功的一半,如何把一件事情的开头做好呢?

- 在开始之前,要做好万全的准备,起步时就会更轻松。
- 需要勤加练习。比如读一篇新课文难免会磕巴,那就多读几遍;学习自行车,难免会摔倒,多练习几次就好。
- 不要想着"一口气吃成个胖子"。成功有很多步骤,要一步一步,踏实前进。
- 有明确的目标。有了目标,就能把复杂的事情简单化。
- 最后,还需要有坚持不懈的毅力和勇气。

我该如何抉择

每天，我们都要做很多选择题，小到选择一支铅笔的颜色，大到选择人生的方向。无论是小选择，还是大选择，我们都不能老想着让别人来帮自己决定，而是应该将决定权交给自己。

从一点儿小事开始练习，慢慢地，进阶到为自己的大事做决定。你会发现，凡事自己做决定的你，变得更爱思考了，也被更多人欣赏和认可了。

● **面对选择，具体该怎么做呢？**

· 先考虑选择对象的对与错，选择对的，避开错的。

· 在不分对错的情况下，考虑哪项选择对自己更有利，便优先选择它。

· 一时无法抉择，试着往长远看一看，谁更有利。

· 考虑了所有因素，还是难以抉择，可以听一听大家的建议。

唐晓云抱着兔子，开心道："我已经有一个芭比娃娃了，还是选它吧！"

马虎虎坚定地走向健身馆："为了减肥事业，美食，再见！"

赵云帆抱着一沓书本："大家好才是真的好！我决定了，先帮助同学！"

我的选择我承担

"赵云帆，你这次的期中考试成绩是全班第五名，退步了三个名次。要继续努力啊！"

李老师的声音在赵云帆的耳边响起，他惭愧地低下了头，一句话也说不出来。

李老师走后，他的临时同桌张小闹替他鸣不平，"你干吗不告诉老师，这两周你为了帮同学们解题，自己都没好好复习呢？"

"这有什么好说的。"赵云帆挤出一丝笑容来，说道，"帮助同学，是我自己做的选择。我怎么能因为没考好，就把责任推到别人身上呢？"

张小闹听了，忍不住向赵云帆竖起了大拇指："好兄弟，我欣赏你。"

自己做的选择，就应该自己承担后果，这才称得上真正有担当的男孩。哪怕选择是错的，或者让自己蒙受损失，一味地抱怨，或是把责任推给别人，也于事无补。还不如振作起来，找到出现问题的原因，积极弥补过错或损失，争取下一次面临同样的选择时，能够做到万无一失。

这次考砸了，主要是因为我自己没能合理安排时间。下一次，我要提前做好复习，这样既可以继续帮其他同学解题，又不会耽误自己的学习啦！

水的智慧

　　自然课上,老师将一杯清水倒在玻璃壶中,然后在下面点上酒精灯。

　　待水沸腾后,老师问道:"谁能告诉我,当水沸腾,温度达到100℃时,它会变成什么?"

"水蒸气!"同学们异口同声地回答道。

"那当水的温度降至0℃时呢?"老师又问。

"冰!"同学们再一次整齐地回答。大家心想:老师问的问题也太简单了吧!不过,老师接下来的话却让大家陷入了沉思。

老师说道:"水遇到高温变成气体,遇到低温变成液体或固体;动的时候变成江河,静的时候是湖海;遇到断崖形成瀑布,遇到高山就绕着走;可是关键时刻,它能穿沙,也能滴石。水不断地改变自己,来适应各种恶劣的环境,所以它才能存在于地球的每一寸土地。你们说,水是不是很有智慧呢?"

设想一下,如果我们像水一样,不管面对怎样艰难的处境,都能调整好自己的心态,做到随机应变,那还有什么苦难能打倒我们呢?

学习水的智慧

- 在恶劣的环境中坚强,在舒适的环境中自警。
- 该沉着时沉着,该表现时表现。
- 遇到死胡同时,记得转个弯。
- 关键时刻,不退缩,爆发自己的潜力。

感谢生活的苦难

赵云帆出生在农村，因为成绩优异，幸运地得到了一位爱心人士的资助，来到城里读书。

赵云帆的爸爸妈妈常年在外打工，家里只有年迈的奶奶和一个年纪尚小的妹妹。在农村读书时，他每天天不亮就起床，做好全家人的早餐，再走两个小时的山路，去学校上学；放学后还要喂鸡喂鸭，做晚饭，干家务，一直到晚上九十点，时间才真正属于他自己。

尽管生活如此艰苦，赵云帆却从不喊累。而且他一有时间，就会拿起书本用功学习。所以，他的成绩一直很优秀。

哪怕现在走出了山村，到城市里读书，赵云帆也依然不松懈，甚至更加努力。虽然他不像其他同学那样，从小拥有良好的学习环境，也没有条件请家教，参加各种课外辅导班，可是他的学习一点儿也不比别人差。

当我们享受着爸爸妈妈的呵护，拥有着最好的学习环境时，世界上还有很多像赵云帆一样的孩子，正遭遇着生活的苦难。可是，他们没有被这些磨难打败，而是始终保持一颗积极向上的心，花费比别人多几倍、十几倍的努力，来改变自己的命运。

他们是值得我们学习的好榜样！

【读诗词，笑看苦难】

宝剑锋从磨砺出，梅花香自苦寒来。

译：宝剑之所以有锐利的刀锋，是因为经过不断的磨砺；梅花之所以飘香，是因为它度过了寒冷的冬季。

喻义：要想拥有珍贵的品质，或美好的才华，需要不断地努力、修炼，克服一定的困难。

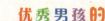

走出温室

"从现在开始,我要离开家,去外面吃苦,锻炼自己。"

张小闹想要锻炼自己,他的第一步计划是,离家出走,离开爸爸妈妈的呵护,独自生活。

不过,在行动之前,他还是将这个疯狂的想法告诉了赵云帆。

"这可不行。"赵云帆听了,连连摇头,赶紧劝他,"你要是突然离开家,你爸妈还不得担心死啊!再说了,锻炼自己,不一定非得离开家才行啊!"

"不离开家，我怎么独立？怎么磨炼自己？"张小闹困惑极了。

赵云帆想了想，说道："磨炼自己的方法有很多哟！"

走出温室，磨炼自己！
- 第一步：能自己做的事绝不找别人帮忙。
- 第二步：不怕脏不怕累，主动帮妈妈干家务活。
- 第三步：不乱花零用钱。
- 第四步：多多参加集体劳动和活动。
- 第五步：多向不怕吃苦的同学学习。

只要按照这五步进行，我们就能慢慢走出内心的温室。你也来试试吧！

坚持的力量

一圈,两圈,三圈……

暑假的一天,天刚蒙蒙亮,就有一个胖嘟嘟的身影,正绕着公园跑步。原来是正在减肥中的马虎虎啊,瞧他跑了一圈又一圈,全身都湿透了,也依然没有停下脚步。

跑完步,马虎虎回到家里,一脸自豪地对爸爸说:"爸爸,我今天跑了十圈。"

"嗯!不错!"爸爸十分赞赏地拍了拍马虎虎的肩膀,然后继续说道,"不过,一切才刚刚开始,以后要每天坚持哟!"

"没问题!"马虎虎想都没想就答应下来。

可是,当马虎虎坚持跑了五天,体重器上的数字居然一点儿没变时,他有些丧气了:"看来跑步根本没用嘛!"

一旁的爸爸鼓励他:"你再跑五天,一定会有变化的。"

听了爸爸的话,马虎虎又跑了五天。果然,体重降了1千克。虽然变化不大,却让马虎虎欣喜不已。从这天起,他跑得更卖力了。

两个月后,当他再一次站在体重器上时,神奇的事情发生了,他居然在不知不觉中减了5千克。

开学后,马虎虎回到学校,同学们都快不认识他了呢!因为此时的他,已经从"胖虎"变成了强壮的"东北虎"。

变瘦后的马虎虎:
虽然我已经减肥成功,但是我会继续坚持跑步,不让肥肉再次找上门。

这就是坚持的力量,它让我们一点一点积累能量,在不知不觉中收获成功。

不过,男孩要注意喽!坚持,贵在持久。如果你只是坚持一段时间,取得了一点儿成绩就放弃掉,很可能之前所有的努力都会白费啦!

记住,坚持就是要永不停下前进的脚步。

有一种能力叫"忍"

学校组织的乒乓球赛上,赵云帆闯进了决赛,而决赛的对手正是上一届乒乓球比赛的冠军罗军。

"小朋友,你能接住我的球吗?"比赛开始前,罗军忍不住挑衅道。

赵云帆没有理会他,而是认真地做着比赛前的准备活动。

比赛开始后,罗军凭着超强的实力,一连赢了5个球,脸上不由得露出得意的表情,打起球来也更狂傲了。

可是赵云帆呢,虽然他一直处于劣势,却俨然一副沉着冷静的样子。

罗军看不惯他这副输了球还很淡定的样子，于是发起了一轮更猛烈的进攻。有些球他甚至故意往赵云帆身上和脸上拍，连观众们都看不过去了，连声抗议道："罗军犯规！罗军犯规！"

赵云帆依然不急、不躁、不生气，认真地对待每一个球。

可是，观众的叫喊声反而让罗军更加暴躁了，导致他的破绽越来越多。赵云帆抓住这个机会，一连赶超了好几个球。

到了后半段，罗军节奏被打乱，连连输球，整个人的状态也越来越糟；而赵云帆稳定发挥，居然后来居上，最后赢得了比赛的胜利。

赵云帆之所以能以弱敌强，获得胜利，不仅仅是因为他懂得抓住机会，更重要的是，他具备一种可贵的能力，那就是"忍"。他忍得挑衅，忍得落后，为自己争取了更多的时间和机会，把坏情绪转化为一种有用的力量，从而一举夺冠。

胯下之辱

韩信从小没有父母，靠着邻居接济维持生活，经常被周围的人歧视。有一次，一群恶霸当众羞辱韩信，让他从其中一个人的裤裆下钻过去。韩信清楚自己势单力薄，硬碰硬肯定会吃亏，就当众从那个人的裤裆下钻了过去。忍辱负重的韩信后来成为刘邦的大将军，帮刘邦打下了天下。

打好基础很重要

为了实现成为画家的梦想,格非决定好好学习画画。于是,他买好了画板、画笔和颜料,在房间里认真地练习起来。

"画什么好呢?"格非托着脑袋想了想,有了主意,"先画一幅我的自画像吧!"

说着,格非便开工了。他看着镜子里的自己,认真地画起来,脸庞、眼睛、鼻子、耳朵……不一会儿,自画像就成形了。

可是,他看了看镜子,又看了看画板。这画板上的丑八怪是谁啊?怎么跟自己一点儿也不像呢?

格非苦恼极了,他自言自语道:"为什么别人画的画像栩栩如生，我却画成这样？是不是我没有天赋？"

这时，妈妈端着一盘水果走了进来，微笑着说道："想要画好一幅画，首先要打好基础，先学会画简单的，再画复杂的。著名画家达·芬奇，光是学画鸡蛋，就花了三年时间呢！"

想要像达·芬奇一样，成为伟大的画家，就要有扎实的基本功。

不仅是画画，做任何事都不可能一步登天，它需要我们脚踏实地地走过每一层阶梯，而良好的根基就是阶梯上的石块。

一步一步打好基础

♥ 学习语文，先从识字开始。

♥ 学习数学，先从数数入门。

♥ 学习钢琴，要先学会识谱。

♥ 学习画画，要先学会画线条。

♥ 跑步，得先跑短距离。

♥ 踢足球，先从颠球开始。

♥ 打好基础，是一切成功的开始。

风雨无阻地前行

轰隆隆!

一大早,张小闹还没起床,就听到窗外雷声大作,又是刮风,又是暴雨。

"天气这么恶劣,还上什么学,请个假算了!"张小闹在嘴里嘀咕道。

不一会儿,妈妈来到张小闹的房间,叫他起床。他不情愿地从被窝钻出来,对妈妈说道:"妈妈,外面的雨这么大,今天我能请一天假吗?"

妈妈想了想，没有发表任何意见，而是走到窗边，指着窗外，对张小闹说："你先来看一看窗外，再决定要不要请假。"

张小闹一脸疑惑地走到窗边，朝楼下望去。只见大雨倾盆的道路上，一位身穿雨衣的清洁工正在卖力地将积水扫进下水道；不远处，一位老师带着一队幼儿园的小朋友正在过马路，小朋友们穿着雨鞋，撑着比自己还大的雨伞小心翼翼地向前走着。

看着眼前的一幕，张小闹顿时羞红了脸。他二话没说，赶紧穿好衣服，准备去上学。

成长道路上，充满了大风大浪，作为一个勇敢而无畏的男孩，怎么能因为一点风雨，就停下前进的脚步呢？逆风而上，冒雨而行，让自己变得更强大吧！

● **我能在风雨中前行！**

- 遭遇恶劣天气，我也能坚持上学。
- 一点小感冒、小伤痛，根本打不倒我。
- 始终相信，所有的挫折，都是生活的考验。
- 风雨越大，我越勇猛。

不被流言打败

"你知道吗？格非偷东西。"

"他偷了什么？"

"他嫉妒赵云帆比自己厉害，就偷了他英语比赛的资料。"

"他可真缺德。"

上洗手间时，格非偶然听到了这样一段对话。他难受极了，心想：我都已经把资料还给赵云帆了，为什么大家还要在背后说我呢？

回到教室的路上，他感觉有一千双眼睛在盯着自己，好像大家都在说："格非是小偷。"

从这以后的好几天，格非都闷闷不乐的，因为无论他走到哪儿，都感觉背后有人在议论他。现在的他，根本没法静下心来学习了，有时候他真想找个没人的地方躲起来。

流言的威力真大啊！在无形之中，就将格非给击垮了。可是，流言真的有那么可怕吗？其实流言有没有杀伤力，完全取决于你如何看待它。

如果你轻易地听信流言，流言就会顺势化身锋利的刀子，一举击溃脆弱的你；相反，如果你不在意这些流言，流言就会像蒲公英一样，轻轻一吹就散了。

怎样才能击退流言呢？

● 别理会，别当真，就随它去吧！

● 暗示自己"这不是事实"，将流言消化掉。

● 没什么好解释的，用实际行动证明自己吧！

● 自己也绝不做流言的传递者。

准备充足，万无一失！

"别看了，这篇是选读课文，不会考的。"

赵云帆正在为下午的语文随堂考试做准备，一旁的张小闹冷不丁丢过来这么一句话。

"说不定会考，还是看一看比较好。"赵云帆说完，继续埋进书本里，认真复习起来。

果不其然，下午考试时，试卷上最后一道分值最高的阅读理解题，正是出自这篇课文。

赵云帆因为提前复习过，所以做起来毫不费力。而张小闹呢，坐在那儿抓耳挠腮好一会儿，愣是一个字也写不出来。

考试结束后，张小闹忍不住佩服赵云帆："你可真是料事如神啊！看来以后，考试前我得先找你押押题才行。"

其实，赵云帆根本不是因为猜到这篇课文会考，才复习的。每次考试前，他都会认真复习每一个知识点，从不遗落任何一个可能会考的地方。正是因为他做好了充足的准备，所以无论老师怎么考，他都能从容应对。

不仅仅是考试，我们在做任何事时，都应该做好充足的准备，尽量考虑得全面一点，这样才能做到万无一失。

唐晓云：参加舞蹈比赛之前，我会把每一个舞蹈动作都练到烂熟于心。这样比赛时，我就能从容发挥，不会出现忘记舞步的状况了。

张小闹：在进行任何体育运动前，我都会先活动活动筋骨，让身体做好准备，以免在运动时拉伤。

李老师：我在给你们讲课之前，也会提前备好课。这样才能合理分配45分钟，每一句话都让你们受益啊！

奔跑吧,男孩!

电视机里,正在进行马拉松比赛。

运动员一个个顶着蒙蒙细雨,摆动着双臂,不断地向前奔跑着。有的运动员跌倒了,会马上站起来,继续向前跑;有的运动员被超越了,会加快脚步,奋力追上去;而有的运动员,即使落在了最后面,依然不放弃。

张小闹看得热血沸腾,真恨不得自己能钻进电视机里,给他们加油打气。

一旁的爸爸见张小闹如此有热情,就顺势问道:"你是不是很佩服这些运动员?"

"当然了!"张小闹回答道,"他们简直太厉害了,居然能一直跑几十千米。"

"嗯!"爸爸摸摸张小闹的头,继续说道,"你看,马拉松其实就是每个人成长的缩影,只有不怕跌倒,不断超越,永不放弃奔跑的脚步,才能冲过终点线。"

男孩,像马拉松运动员一样,勇敢地向前奔跑吧!穿过风雨,永不停歇,就会迎来属于你的掌声和喝彩声!

1.逆着风,迎着雨,执着地向前跑。

2.跌倒了,爬起来,坚强地向前跑。

3.不断加速,不断超越,奋力地向前跑。

4.不停止,不放弃,坚持向前跑。

成长需要压力

张小闹的堂哥张毅今年刚升初中,每天忙得不可开交,都没时间陪张小闹玩了。

周末,张小闹打电话给堂哥:"张毅哥哥,来我家玩电脑游戏吧!"

"小闹,今天可不行!我得学习呢!"

嗯!又被拒绝了!张小闹实在很不理解,以前张毅哥哥最爱玩了,怎么一上了初中,就变得爱学习了呢?

原来啊,张毅升初中后,不仅课程变多了,而且他还发现,班上的同学都开始认真学习。如果他还像小学时一样,整天只想着玩,成绩还不得一落千丈?于是,他也开始发奋学习,就连平时最爱的电脑游戏也戒掉了。

适当的压力可以变成动力,激发积极性,磨炼意志力,使你取得进步和成长。面对压力,别退缩,拿出你的决心,和它一战到底,最后胜利的肯定会是坚强的你。

压力的好处

 1.增强记忆力。

当压力来袭时,大脑会变得特别活跃,注意力也会更集中,因此记忆能力也会提高。

 2.增强免疫力。

应对压力的次数多了,自然而然就会形成抗压免疫力。当遇到更大的苦难时,就能更加从容地面对。

 3.激发潜能。

聪明的男孩,总是把压力转化为正能量和动力,让自己释放出更多的能量,变得更强大。

适当的压力能带来好处,但如果压力太大,就会产生消极影响,让自己不堪重负。所以,别给自己太大压力,也别让自己长时间处在压力中,适当地放松也很重要!

别被别人的情绪左右

清早,格非正在认真看书,就听到坐在身后的陆乔杉气呼呼地说:"每天天不亮就要来学校,烦都烦死了。"

陆乔杉的抱怨把格非从学习状态中拽了出来,格非的心情瞬间跟着烦躁起来。

下节课是格非最喜欢的英语课,他开开心心地拿出书本来,又听到陆乔杉发牢骚:"又是最讨厌的英语课,我又不出国,学它干吗?"

格非像被浇了一盆冷水,刚才的兴奋劲被减了一大半儿。

到了中午,格非正准备放松放松,再次听到陆乔杉懒洋洋地说:"唉!才过了半天,日子真是难熬啊!"

这下可好,格非整个人都不好了。

自从和陆乔杉成了前后桌,格非总是很容

易被他的负面情绪感染，有时候甚至严重影响了自己的学习和生活。不知不觉中，他也时不时说出抱怨的话，一遇到学习上的难题就提不起精神来。

如果你身边也有这样的朋友，要么改变他，要么远离他，千万不要被他的坏情绪左右，变成一个爱抱怨的人呀！

如何不被别人的坏情绪左右

- 经常对自己说积极的话，顺便用自己的乐观感染身边的人。
- 遮住耳朵，专注做自己的事。
- 想想这个人除了爱发牢骚之外，有哪些可爱之处，转移注意力。
- 如果以上都无效，那么请尽量远离情绪消极的人吧！

赢得起，也输得起！

张小闹总是这样，赢了比赛就笑呵呵，得意得跟什么似的，输了比赛就把脸拉得老长，连说话都带上了刺儿。

再看看他的好朋友赵云帆就不一样了！

只要是比赛，总有输赢啊！谁也不能保证自己永远都赢，也没有谁会一直输。只能赢，不能输，这可是一种很没气量的行为。作为一个有风度的小绅士，就应该赢得起，也输得起！

赢得起，输得起！

- 赢了，应该谦虚一点，不要总把得意之情挂在脸上。
- 输了，不要太沮丧，振作起来，为赢得下次比赛做好准备。
- 输了比赛，也不能输了气度，真诚地祝贺对手吧！
- 找到自己失败的原因，虚心地向对手学习。

我为什么会输？

"张小闹，游泳比赛不是你的强项吗？你怎么会输呢？"

当唐晓云这样问时，张小闹顿时觉得有点儿难堪。

"那……那是因为……"张小闹支支吾吾地回答道，"因为我前一天失眠，所以状态不好。不然，我肯定能赢。"

唐晓云记得上一次，张小闹跳高比赛输了，他也是这么说的。还有上上次，篮球比赛，他在赛点犯规丢了分，导致他们班输了比赛，他同样也是这么说的。

唐晓云觉得很奇怪，为什么每次一有比赛，张小闹就会失眠？难道是"赛前失眠症"？

其实，只有张小闹自己知道，这不过

是他给自己找的一个借口罢了。每次输了比赛，他第一时间就是找各种各样的借口，推卸责任，却从不在自己身上找原因。长此以往，他永远也找不到出现问题的真正原因，下一次比赛，他依然会犯同样的错误。

输了，别急着找借口，先问问自己：是不是不够努力，是不是哪里做得不好？懂得自我反省，才能在失败中重新站起来。

输了，别找借口！

★ **第一步**：先问问自己："是不是实力不够？"如果是，就更加努力地修炼自己，让自己变得更强大吧！

★ **第二步**：如果不是实力的问题，再问问自己："是不是我没有尽力？"如果是，下次比赛时请提醒自己，一定要全力以赴。

★ **第三步**：有实力，也尽了最大的努力，再问问自己："是不是哪个细节没做好？"如果是，找出漏洞，及时弥补，争取下次不再出现同样的问题。

★ **第四步**：以上统统没问题，最后再来找不可避免的客观原因吧！

输了，不丢脸！

自从输了游泳比赛，张小闹就再没去过游泳馆。

爸爸问他："小闹，你这两天不是有游泳课吗？为什么不去？"

"我……我不想去！"张小闹支支吾吾地回答道。

在爸爸的再三询问下，张小闹总算说出了真实原因：

"在游泳馆，每次练习，我的成绩都是最好的。所有人都说这次的冠军肯定是我，可是我却输了比赛，实在是太丢脸了，大家一定会嘲笑我的。"

原来，张小闹是觉得太丢脸了，所以才不肯去游泳馆呀！

"胜败乃兵家常事，这没什么可丢脸的。"爸

爸一边帮张小闹收拾游泳用具，一边继续说道，"我敢保证，绝对没有一个人会嘲笑你。"

在爸爸的鼓励下，张小闹终于鼓起勇气，再次来到游泳馆。果然，大家看见张小闹，没有一个人提之前比赛的事，而是像往常一样跟他打招呼："张小闹，你总算来了！""张小闹，赶快练习吧！"

于是，张小闹又投入到了紧张的练习中，很快就和大家一样，忘记了输掉比赛的事情。

谁都有输的时候，没有人会一直赢，这一点儿也不丢脸。因为一次失败，就失去勇气，再也无法站起来，那才是真正的丢脸呢！

小故事：乌江自刎

秦末时期，项羽和刘邦两分天下。以勇武闻名的项羽一直处于上风，屡屡大破刘邦。可是，有一次，项羽打了败仗，他怕丢了面子，无颜面对江东父老，便在乌江拔剑自刎了。项羽死后，刘邦便建立了西汉。如果项羽能够忍受打击，东渡乌江，那么最后天下属于谁，还不一定呢！

我尽力了

期末考试的成绩出来了,同学们都聚在一起,议论纷纷,只有格非一人趴在课桌上一声不吭。因为这次考试他考得并不好。

这时,马虎虎走过来安慰他:"别难过,争取下次考好就行了。"

格非说了声谢谢,依旧一副无精打采的样子。

放学回家的路上,格非的脑海里不断浮现出妈妈说的话:"如果考不好就等着挨批评吧!"他的心情简直跌到了谷底。

回到家，格非已经做好了被批评的准备。他走到妈妈面前，拿出成绩单，低声说道："妈妈，这次我没考好，可是我已经尽力了。您骂我吧！"

令格非没有想到的是，妈妈不仅没有批评他，还抚摸着他的头说："既然你已经尽力了，妈妈为什么还要骂你呢？"

不管是考试，还是完成其他的事情，难免有不尽如人意的时候。这时候，如果你已经竭尽全力了，哪怕最后结果并不完美，也别过分地苛责自己，更不要沉浸在沮丧的情绪中走不出来，坦然地对自己说"我尽力了"，让自己轻松前行吧！

 如果我尽力了……

既然自己已经尽力了，就别再耿耿于怀啦！赶紧重新振作起来，积极迎接接下来的挑战！

想一想，为什么尽力了，还是不能达到预期的结果呢？如果是因为实力不够，接下来的任务就是，努力努力再努力，增强自己的实力吧！

我真的尽力了吗?

瞧瞧格非,自从上次考试后,他发现了"尽力"的"实用性",简直把它当成了万能钥匙,不管遇到什么事情,总是把"我尽力了"挂在嘴边。可是,他真的尽力了吗?

才不是呢!其实,妈妈早已经看穿,除了第一次,后面几乎所有的"尽力"都只是借口罢了。这样下去可不行,当"尽力"不再是真的尽力,而只是逃避和推脱问题的借口,我们会变得越来越懒散,越来越安于现状。长此以往,成功只会离我们越来越遥远。

我尽力了吗?

· 在说"我尽力了"之前,先问一问自己是不是真的尽力了。
· 戒掉"我尽力了"这句口头禅。
· 记住:尽力不只是"尽力而为",而应该是"竭尽全力"。

趣味小故事

猎人带着猎狗去打猎。猎人一枪击中了一只兔子的后腿,受伤的兔子拼命逃跑,猎狗在后面穷追不舍。最后,兔子还是跑掉了。猎狗悻悻地回到猎人身边,猎人骂道:"你怎么连一只受伤的兔子都追不上?"猎狗委屈地辩解道:"我已经尽力而为了。"

另一边,兔子带着伤逃回家,其他兔子都很惊讶它是如何逃脱的。兔子说:"猎狗是尽力而为,我是竭尽全力。因为,它没追上我,顶多挨一顿骂,而我要是不竭尽全力地逃跑,可就没命了。"

挫折是层窗户纸

挫折就像一堵看起来又高又厚的围墙,如果我们一看见它,什么办法都没想,就认为自己肯定穿不过,便早早地绕道而行。可若墙那边有意想不到的好风景,我们也就永远地错过了。

面对挫折,我们首先要做的,应该是正视它。试着敲敲它,推推它,也许它根本没我们看到的那么坚固,而只是层窗户纸,轻轻一捅就破了呢!

 捅破挫折这层窗户纸!

1.正视挫折。

> 挫折来了,第一时间别想着放弃。只有正视它,弄清楚问题出在哪儿,才有可能解决它。

2.寻找解决办法。

> 《三字经》太绕口了,就多花点时间,多读几遍,或者把它变成朗朗上口的口诀,总会背下来;陶艺不好做,第一时间请教师傅,找到诀窍,就一定能做出完美的工艺品。

3.增强实力。

> 挫折太强大,一时解决不了,就应该多学习,多锻炼自己,增强自己的能力。等有了足够的实力,再来攻克它吧!

别灰心，再试一次

炎热的夏天，格非伏在书桌前，一遍一遍地演算着同一道数学题，汗水浸湿了草稿纸，却怎么也算不出答案。

窗外传来的汽车鸣笛声，扰得他心烦意乱。

"算了，反正也做不出来。"格非把笔一扔，趴在了书桌上。

这时，一只蝴蝶飞到了窗边。格非看着美丽的蝴蝶，心想：蝴蝶要在蛹中尝试无数次，才能成蝶，我怎么能现在就放弃呢？

格非重新坐好，拿起笔，给自己打气道："再试一次，我一定能做出来。"

他深吸一口气，让

自己平静下来，一字一句地读题，再重新思考和计算……渐渐地，他的思路越来越清晰，一步，两步……

"哈哈，算出来了！"格非看着自己算出来的题，开心地笑了。

不管在学习上，还是在生活中，我们遇到难题时都别灰心，多试一次，也许就能收获成功。

励志小讲堂

世上没有所谓的失败，除非你不再尝试。

——[美]亚当斯

成长道路上，我们总会遇到各种各样的困难，这个时候别急着沮丧，振作起来，再试一次。你要坚信，每"再试一次"，就离成功更近一步。

逃避解决不了问题

新学期开始，张小闹当选了卫生委员。

一开始，张小闹干劲十足。可是，时间久了，同学们都不愿意搞卫生，也不肯听他的了。教室里每天乱糟糟、脏兮兮，他也无可奈何。

于是，张小闹找到李老师，提出辞职："我无法胜任这份工作，您还是选别的同学吧！"

李老师想了想，对他说："现在班上的卫生情况很糟，难道你就这样把烂摊子丢给别人吗？这可不是一个男子汉应该有的行

为！好好想想问题出在哪儿，把问题解决了，再来辞职吧！"

听了李老师的话，张小闹认真反思起来：是啊！自己把班上的卫生管得这么糟，如果就这样交给下一任，同学们一定会说他没用的。

回到教室，张小闹仔细回忆了一下这段时间自己的工作情况：安排人员不合理，经常会出现矮个子同学擦窗、力气小的同学搬椅子、粗心的同学扫地的情况；而且自己总是指挥别人干这干那。唉！难怪大家不听自己的，难怪教室的卫生一团糟。

找到了问题根源，解决起来就容易了。张小闹重新打起精神，按照每个同学的情况和优势，重新制作了卫生表。到了大扫除时，他除了认真监督大家的工作，也自己动手扫地、抬水、倒垃圾。

过了一段时间，班上的卫生情况明显好转，张小闹这个卫生委员也越做越好。现在的他，可不会再提辞职的事了。

励志·小·讲堂

一味地回避问题，只会让问题越来越复杂。在生活中，无论遇到多大的问题，冷静思考，妥善处理，总会找到解决的办法。逃避问题只能使问题更严重，对解决问题没有丝毫作用。

转个弯吧!

——成功似乎总是离我们很远,其实不然。有时,它离我们仅仅是一个转弯的距离。

又到了同学们最喜欢的实验课,今天老师将给大家带来什么有趣的实验呢?

只见老师拿出一个装着几只蜜蜂的小玻璃瓶,用手电光照着瓶底,然后打开瓶盖。奇怪的事发生了,居然没有一只蜜蜂飞出玻璃瓶,它们反而都向着有光的瓶底飞,不断地碰壁也不罢休,很快就累得再也飞不动了。

接着,老师又找来几只苍蝇,用同样的方法做实验。与蜜蜂不同的是,苍蝇向有光的地方飞了几次,撞了几次,发现出不去，就四处尝试，最后终于顺利找到了出口，全部飞了出去。

做完了实验，同学们议论纷纷：

"蜜蜂实在太笨了，老往一个方向飞。"

"还是苍蝇比较聪明，知道多试几个地方。"

"同学们说得很对。"老师打断了大家的讨论，"这个实验正是告诉我们，成功的路上难免碰壁，可有时候转个弯就是新的机会。"

生活中我们也可以借鉴苍蝇的好方法呀！遇到解决不了的问题，选择了行不通的方案，与其浪费宝贵的时间，还不如换种思维，没准一转弯，路就通了呢！

● **学会转个弯吧！**

·一支笔竖着放，横着放，都没法放进文具盒里，不如斜着放吧！

·一道数学题，算了很多遍，都算不出答案，也许是你的解题思路出了错，不如换个方法重新算一次吧！

·想要加入足球队，却发现自己缺乏耐力，控球能力也有些弱，可是反应灵敏，不如放弃做前锋和后卫，做个金牌守门员吧！

倒霉,还是幸运?

这天,张小闹和马虎虎一人拿着一根冰棍,并排走在路上。这时,一只鸟儿从天空飞过,顺便清理了一下肠胃,好大一块鸟粪从天而降,恰好落在张小闹的手臂上。

张小闹看着脏兮兮的手臂,崩溃地大叫道:"我也太倒霉了吧!连一只鸟都欺负我。"

"你应该感到庆幸才对。"马虎虎笑了笑说。

"什么?庆幸?"张小闹简直不敢相信自己的耳朵,他没好气地说,"你是在幸灾乐祸吧!我俩走一起,鸟粪偏偏找上我,没找上你。"

马虎虎也不生气,继续说道:"可是,只差5厘米,鸟

粪就落到你的冰棍上了。你想想,你多幸运呀!"

马虎虎说得也有些道理呢!换个思路想一想,冰棍没有被毁,这简直就是不幸中的大幸呀!张小闹瞬间豁然开朗,擦掉手臂上的脏东西,又喜滋滋地吃起凉爽的冰棍来。

生活中,我们难免会遇到一些倒霉的事,如果能拥有积极乐观的好心态,有时候坏事也可以变成好事呢!

小故事:塞翁失马

古时候,一个老汉家的马跑了,乡亲们都跑来安慰他,他却说:"这不一定是坏事。"几天后,走失的马带领着一群骏马回来了。人们都去祝贺他,老汉却说:"这不一定是好事。"果然,有一天,他的儿子骑着骏马玩,一不小心摔断了腿。人们又来安慰他,他却依然认为这不是坏事。后来,朝廷征兵打仗,老汉的儿子因腿伤躲过了战祸,这可真是因祸得福啊!

我的责任我来扛

绿茵场上,正在进行一场别开生面的足球比赛。时间到了最后一分钟,双方战成一比一平,谁能把握住这一分钟,谁就是最后的冠军。

这时,绿队队长张小闹因为一时冲动,撞了红队队员,被裁判红牌罚下场。绿队顿时气势大减,红队抓住机会,在最后5秒钟,又进一球,最终赢得了比赛。

"都怪我,如果不是我太冲动,我们根本不会输。我是个

不合格的队长。"休息室里，张小闹一脸懊恼地向大家检讨。

说完，他低下头，准备迎接大家的指责和批评，没想到却听到了这样的声音：

"这不能全怪你，如果当时我把球传出去，就不会被对方拦截。"

"要是我没有分神，就不会接不住球。"

……

大家纷纷从自己身上找原因，休息室里瞬间热闹起来。

虽然张小闹有时候有些冲动，但是他敢于承担责任，大家都认为，他这个队长很合格呢！

励志小讲堂

集体的荣誉属于每一个成员，同样，集体遭遇失败时，每一个成员都应该勇敢地站出来，主动承担自己的那份责任。勇于担错，并反省改过，才能收获人心，才能成为集体中最不可缺少的中坚力量，才能带领集体收获下一个成功。

给自己提个醒

"小闹,你别那么粗心,瞧你又把'8'写成了'0'。"

"虎虎,明天一起去图书馆,记得别迟到哟!"

"格非,别难过了。这次没考好,下次再接再厉嘛!"

赵云帆是个热心肠,他经常提醒别人别粗心、别迟到、别灰心……可是,他却忽略了,也应该时常提醒一下自己。

瞧!他自己也因为一时粗心,看错了考试题目,丢了分;

答应了邀约,却因为临时有事没去成,害得对方白等了一下午;

英语竞赛没能进入决赛,一整个星期都提不起精神,差点儿耽误了学习……

我们是不是也像赵云帆一样,经常劝别人不要这样做那样做,自己却很容易犯同样的错误?要知道,提醒别人总是很容易、很清醒,但是,时刻清醒地提醒自己却很难做到。

可是,要求别人做的事,自己怎么能不做到呢?即使再难,我们也应该时刻给自己提个醒,把讲给别人听的道理,变成以身作则的好行为。

一、我要杜绝粗心大意。

二、我要守时重信,说到做到。

三、我要乐观向上,不被挫折打败。

经常给自己提个醒!

♥ 在提醒别人时,顺便问问自己,有没有同样的问题。有则改之,无则加勉。

♥ 随身携带"记事本",把容易忘记,或很难做到的事情记下来,随时翻看,提醒自己。

劣势就是优势

马虎虎在减肥之前,几乎不怎么参加体育活动。他总觉得自己什么也做不好,跑步跑不快,跳高跳不动,踢球不灵活。

有一次,学校组织拔河比赛,马虎虎又准备不参加。李老师却叫住马虎虎,说道:"这次的拔河比赛你必须参加,我们班才有赢的可能。"

马虎虎觉得很奇怪,自己还有这么大的用处?

马虎虎将信将疑地来到操场。李老师把他安排在拔河队列的最末端,将拔河绳交到他手上,郑重其事地说:"你的位置非常重要,只有你牢牢地站稳,把握好整支队伍的重心,大家的力气才会往一处使,我们才能赢。"

马虎虎听了,浑身上下瞬间充满力量,他郑重地点点头,说:"嗯!老师,您放心!我一定能做到!"

果然,在比赛中,末尾的马虎虎使尽全身力气定在原地,任由对方怎么拉都稳如泰山。不一会儿工夫,就耗光了对手的力气,马虎虎队轻轻松松就赢得了比赛。

本以为胖胖的身体是自己的劣势,没想到在拔河比赛中发挥了大作用,马虎虎别提有多高兴了。

我身体胖,可是力气大;我个子矮,可是身体灵活;我胆子小,可是心很细。任何劣势,只要用在了合适的地方,都有可能转变为优势哟!

我的劣势和优势

仔细想一想,我的劣势有哪些?

再想一想,在什么情况下,它们会转化成优势?

不到最后，谁知道呢？

电视里正在上演精彩的美国NBA篮球比赛，比赛进行到最后的10秒，张小闹支持的湖人队以4分的优势领先爸爸支持的火箭队。

张小闹高兴得手舞足蹈："哈哈！湖人队赢了！湖人队赢了！"

爸爸却不动声色，冷静地说道："比赛还没结束，谁赢谁输还不一定呢！"

张小闹听了，"扑哧"一笑："爸爸，你就别逞强了，结果已成……"

话还没说完，张小闹怎么也没想到，情况居然发生了逆转，火箭队居然在最后3秒投进了一个三分球，外加造成湖人队一个犯规，直接收获两个罚球……

接下来，张小闹眼睁睁地看着火箭队两罚命中，直接将比分锁定在104∶103，赢得了最后的胜利。

比赛不到最后，结果是怎样，谁也不知道！篮球比赛是这样，人生中的各种竞赛也是这样。所以，不到最后一刻，千万别松懈，说不定能后来者居上；不到最后1秒，千万别放弃，说不定成功的机会就在终点线！

励志三警

 1.别提前放弃希望。

不要因为一时的落后，就放弃希望，停滞不前。打起精神来，笨鸟也可以领先，后来者也可以居上！

 2.别怕实力比不上别人。

听过"龟兔赛跑"的故事吗？这个故事告诉我们，勤能补拙，只要你够勤奋、够努力，就能弥补天赋上的不足，获得最后的胜利。

 3.不到最后不罢休。

不管是处在优势，还是劣势，都应该用尽全力坚持到最后，有时候转机往往就出现在最后1秒。

我可以放弃吗？

看来合唱队不适合我，我还是趁早放弃，继续我的游泳训练吧！

最近，闲不住的张小闹又加入了合唱队。

合唱队练唱的时间是每天放学后，以及周六周日，张小闹再也空不出时间踢足球、游泳和攀岩了。而且，最关键的是，张小闹嗓音条件并不好，老是跑调，不仅自己练得很累，还影响了整个合唱队。

练了一周，张小闹就有些退缩了，可是一想到自己曾在好朋友面前吹嘘"我的目标是，成为合唱队的领唱"，为了不被嘲笑，他又只好硬着头皮坚持。

可是，张小闹的坚持真的有必要吗？坚持一样不适合自己的理想，不仅会把自己弄得身心俱疲，而且会埋没自己擅长的事，这可真是一次不划算的"买卖"呀！

有时候，放弃也是一种智慧，就像那飘浮在天空中的热气球，只有舍弃身上的沙袋，减轻重量，才能飞得更高。

名言小窗口

在人生的大风浪中，我们常常学船长的样子，在狂风暴雨之下把笨重的货物扔掉，以减轻船的重量。——[法]巴尔扎克

人要成功一定要有永不放弃的精神，当你学会放弃的时候，你才开始进步。——马云

当我们学会用积极的心态去对待"放弃"时，我们将拥有"成长"这笔巨大的财富。——[日]村上春树

在绝境中寻找希望

——在绝望中寻找希望，人生终将辉煌。

在绝望中看到希望，是一种怎样的体验？对此，马虎虎最有发言权。

上个周末，马虎虎陪表弟去游乐园玩，被表弟生拉硬拽拖进了"鬼屋"探险。

两个怕黑又胆小的家伙，蜷缩着抱成一团，一路尖叫着经历了"僵尸""恐龙""怪兽""吸血鬼"……

慌乱之中，俩人在黑乎乎的"鬼屋"中迷了路，被困在里面十几分钟，差点儿被各种突然跳出来的恐怖玩意儿吓得"魂飞魄散"。

就在马虎虎绝望得快要哭出来时，表弟突然指着不远处，大叫道："瞧！那儿有光！"

一瞬间，马虎虎的眼睛里充满了希望，恐惧和害怕一下子全都不见了。只见他拉着表弟，全然无视周围的"妖魔鬼怪"，朝着有光的地方，拔腿飞奔过去……当他跑到出口"重见天日"时，差点儿喜极而泣呢！

人的一生很长很长，难免会有陷入绝境的时候。可是，绝境就如同沙漠，哪怕再荒芜贫瘠，也可以长出鲜活的植物。所以，遭遇绝境，千万别急着放弃，希望之光总会从绝望中冉冉升起。

励志小故事

一位年轻的瑞典医生，准备穿越非洲的撒哈拉大沙漠。但在他进入腹地的那天晚上，迎来了一场可怕的风暴。风暴中，他和向导走散了，骆驼也不见了，所有的食物和水也被风沙卷走了。他站在一望无际的沙漠中，感觉死亡离自己越来越近。这时，他鬼使神差地把手伸进口袋里，摸出一个"苹果"。他从绝望中清醒过来："我还有一个苹果！"几天后，奄奄一息的他被当地的土著人救起，但奇怪的是，昏迷不醒的他手中紧紧攥着一个已经干了的苹果。而正是这颗苹果，救了他。

图书在版编目（CIP）数据

优秀男孩的励志宝典：有志气才会有出息 / 彭凡编著．—北京：化学工业出版社，2016.10（2024.6重印）
（男孩百科）
ISBN 978-7-122-27861-6

Ⅰ.①优⋯　Ⅱ.①彭⋯　Ⅲ.①男性-成功心理-青少年读物　Ⅳ.①B848.4-49

中国版本图书馆CIP数据核字（2016）第193023号

责任编辑：马鹏伟　丁尚林　　　　　　　文字编辑：李　曦
责任校对：陈　静　　　　　　　　　　　装帧设计：尹琳琳

出版发行：化学工业出版社（北京市东城区青年湖南街13号　邮政编码100011）
印　　装：北京宝隆世纪印刷有限公司
710mm×1000mm　1/16　印张11　2024年6月北京第1版第13次印刷

购书咨询：010-64518888　　　　　　　　售后服务：010-64518899
网　　址：http://www.cip.com.cn
凡购买本书，如有缺损质量问题，本社销售中心负责调换。

定　　价：25.00元　　　　　　　　　　　　　　　　　版权所有　违者必究